AF360793

THÉORIE

DE

LA SURFACE ACTUELLE

DE LA TERRE.

Se trouve,

A LYON,

Chez **R u z a n d**, libraire, rue Mercière.

A BESANÇON,

Chez **M e r m e t**, l'aîné, Grand'Rue.

On trouve, chez le même, une Carte des trois Départemens qui composoient la, ci-devant, Franche-Comté, par le même Auteur.

THÉORIE

DE

LA SURFACE ACTUELLE

DE LA TERRE,

Ou plutôt Recherches impartiales sur le temps et l'agent de l'arrangement actuel de la surface de la terre, fondées, uniquement, sur les faits, sans systéme et sans hypothèse;

Par M. ANDRÉ,

Connu, ci-devant, sous le nom de P. Chrysologue, de Gy, Capucin, Membre de la Société libre d'Agriculture, Commerce et Arts du Département du Doubs, de l'Académie de Cassel, et de la ci-devant Académie de Besançon.

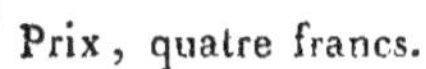

Prix, quatre francs.

A PARIS,

A la Société Typographique, rue des Fossés-Saint-Germain-des-Prés, n°. 14.

1806.

DISCOURS

PRÉLIMINAIRE.

Plusieurs savans ont consacré leurs veilles et leurs voyages à la géologie : quelques-uns ont entrepris de remonter à la formation primitive de notre globe ; mais la surface de cette planète ayant été entièrement changée, bouleversée, creusée à une très-grande profondeur, ce ne sont plus les mêmes vallées, ni les mêmes montagnes, au moins, à leur surface, qui existoient dès les premiers âges. Ce ne sont donc que leurs débris que l'on a examinés ; c'est pourquoi les faits que l'on a rassemblés, né prouvent rien pour la première formation de la terre.

Cependant les faits sont certains ; ils ont été bien vus et fidèlement rendus ; mais leur application n'est pas si heureuse : dans tous les systêmes, on ne voit que des conjectures, des vraisemblances, des peut-être, en un mot, des hypothèses arbitraires ; mais point

de principes certains et évidens qui conduisent à l'objet principal par des conséquences
nécessaires.

C'est, pour cela, que je me suis fixé et que
je me fixe encore à l'époque du grand changement de la surface de notre globe : temps
auquel nos continens étoient à sec, la terre
et la mer étoient peuplées de végétaux et d'a-
nimaux : temps auquel il y avoit déjà du
quartz, du feld-spath, du schorl, des granits,
des porphyres et de toutes les pierres que nôus
voyons à présent : temps auquel la surface de
la terre fut couverte d'eaux plus élevées que
les cimes des montagnes les plus hautes.

J'ai recherché ce temps auquel on peut
rapporter ce changement, et l'agent qui a pu
opérer une révolution aussi étonnante qu'extraordinaire; mais bien persuadé que la géologie ne doit être que le résultat des faits,
je n'ai écrit que ce qu'ils m'ont dit : j'ai choi-
si, pour cela, les plus grands, les plus évidens, les plus incontestables que j'ai cru
nécessaires à mon dessein. Pour rendre mes
conclusions générales, j'ai ajouté les princi-

paux faits, répandus sur toute la terre, rapportés par des auteurs et des voyageurs exacts. Voici les propositions auxquelles je me suis arrêté.

1°. La surface de la terre n'a pas toujours été arrangée comme nous la voyons.

2°. Il n'y a pas long-temps que la surface de la terre est arrangée comme nous la voyons.

3°. Il a fallu une cause générale, uniforme, prompte et violente, pour arranger la surface de la terre, comme elle est à présent.

4°. Les volcans, les tremblemens de terre, les fleuves et les courans de la mer n'ont pas pu arranger la surface de la terre, comme elle est à présent.

5°. Notre globe a été recouvert d'eaux jusqu'au-dessus des montagnes les plus élevées. Ce sont ces eaux qui ont changé sa surface. Les eaux de la mer y sont intervenues, non pas dans l'état de tranquillité où nous les voyons actuellement, mais dans une agitation assez violente pour en ébranler la masse entière, jusqu'au fond de ses bassins, et pour en arracher les matières qui y reposoient. Nous ne connoissons aucun agent naturel, dans l'ordre actuel des événemens, qui ait pu imprimer aux eaux une impulsion assez forte pour opérer de si grands effets.

Pour établir ces propositions, j'ai divisé l'ouvrage en trois parties. La première contient mes observations. La seconde contient les observations de différens auteurs et voyageurs. La troisième traite de la cause et de l'explication des phénomènes.

THÉORIE

THÉORIE

DE

LA SURFACE ACTUELLE

DE LA TERRE,

Ou plutôt Recherches impartiales sur le temps et l'agent de l'arrangement actuel de la surface de la terre, fondées uniquement sur les faits, sans systéme et sans hypothèse.

PREMIÈRE PARTIE.

OBSERVATIONS DE L'AUTEUR.

§. Ier. Comme j'ai été, plusieurs fois, en bien des endroits, pour éviter les répétitions, j'ai divisé en six cantons tout le terrain que j'ai parcouru.

Ier. Canton. Les Alpes, depuis le Saint-Gothard jusqu'au petit Saint-Bernard.

2e. Canton. Les plaines des lacs de Genève, de Neuchatel, de Morat et de Bienne, avec le cours de l'Aar jusqu'au Rhin, et le revers oriental de la haute chaîne du Jura, qui domine sur la Suisse.

A

3ᵉ. CANTON. Le Jura, depuis la perte du Rhône à l'Est, et Ceysériat, village près de Bourg-en-Bresse à l'Ouest, jusqu'au Rhin, avec les montagnes entre le Doubs et la Saône, qui sont une dépendance du Jura.

4ᵉ. CANTON. Les plaines de la Saône et du Rhin, depuis Macon jusqu'à Strasbourg.

5ᵉ. CANTON. Les Vosges, depuis les environs d'Épinal et Darney jusqu'à Gyromagny, et depuis Gyromagny jusqu'au Grand-Donnon, dans toute leur largeur.

6ᵉ. CANTON. La ligne de la séparation des eaux des deux mers, depuis un point dit *le Haut de Salins*, près de la Marche, sur la route de Bourbonne à Nancy, jusqu'à la Montagne dite *la Haute-Joux*, trois lieues Sud de Cluny.

PREMIER CANTON.

DESCRIPTION DES ALPES, DEPUIS LE S. GOTHARD JUSQU'AU PETIT S. BERNARD.

Structure générale de ces montagnes.

Vallées longitudinales.

§. 2. Cette partie des Alpes est partagée en deux chaînes de montagnes, par les vallées *longitudi-*

nales (1) d'Urseren et du Rhône, séparées par *la Fourche*, et en ligne droite, du N - E au S - O, jusqu'auprès de Martigny, où la vallée se courbe avec le Rhône, sous un angle de 300^d. ; mais la ligne droite continue dans des vallées qui vont se terminer au S - O avec celle du Reposoir. Ces dernières vallées sont séparées par trois cols, savoir, celui de la *Forclaz*, entre Martigny et Trient, celui de *Balme* et celui de la *Forclaz*, entre Chamouni et Saint-Gervais. En reprenant la même direction au N - E de la vallée d'Urseren, on trouveroit que toutes ces vallées longitudinales s'étendroient jusqu'au lac de Constance, c'est-à-dire, *en tout*, sur une ligne droite d'environ 80 lieues.

§. 3. On sera, peut-être, surpris que j'indique, comme creusées par les mêmes grandes eaux, des vallées séparées par des cols fort élevés ; mais on doit

---

(1) On appelle vallées *longitudinales* celles qui sont parallèles aux grandes chaines des montagnes entre lesquelles elles sont situées ; *transversales*, celles qui coupent ces grandes chaines à angles droits ou à-peu-près ; *obliques*, celles qui les coupent à une direction intermédiaire ; mais sans égard à la direction des couches actuelles extérieures, puisque ces couches n'existoient pas dans le temps du creusage des vallées par la grande révolution. M. de Saussure en convient (art. 712), où il dit, que *cette révolution a changé la situation originelle des couches.*

faire attention que les sommités des grandes chaînes, qui bordent ces vallées, sont encore beaucoup plus élevées que ces cols, et que le creusage des vallées étoit déjà fort avancé, quand les eaux diminuées trouvèrent des obstacles qui les forcèrent de prendre un autre cours.

Il y a encore d'autres vallées longitudinales dans chacune des deux grandes chaînes ; mais elles ne sont pas si bien marquées, ni si suivies, ni si droites, que celle du Rhône. Dans la chaîne orientale qui sépare le Vallais de l'Italie, on en trouve sur une ligne tirée depuis Airolo, près du Saint-Gothard, jusqu'au col de la Seigne, extrémité S-O de l'Allée-Blanche, en passant près du Mont-Rose, du Mont-Cervin et du grand Saint-Bernard : les pics même, de chaque côté du Mont-Blanc, sont séparés du corps de la montagne par des vallées, dans la direction générale ; et les feuillets des pyramides sont presque tous dans la même direction. Au pied oriental de la même chaîne, plusieurs vallées courent dans le même sens.

Dans la grande chaîne occidentale, qui sépare le Vallais de la Suisse, il y a de même, près de la sommité et au pied occidental, des vallées situées à-peu-près comme celles de la grande chaîne orientale.

Vallées transversales.

§. 4. Les deux grandes chaînes des Alpes, dont

nous parlons, sont aussi sillonnées par des vallées *transversales,* presque toujours à angles droits avec la longueur de la chaîne : ces vallées sont très-rapides, pendant une ou deux heures de marche, proche et de chaque côté de la sommité, et plus encore du côté oriental que de l'occidental. La plupart prennent ensuite une position presque horizontale, et quelques-unes sur une longueur de neuf à dix lieues.

Il paroît remarquable que presque toutes ces dernières vallées, de chaque côté de la même chaîne, se répondent, une à une, à leurs extrémités supérieures où elles forment un col ou passage ; en sorte que, quand on est au-dessus de la partie rapide d'une vallée, on est presque sûr d'en trouver une autre pour descendre du côté opposé.

De tous ces passages d'Italie en Suisse, il n'y en a qu'un où l'on n'ait qu'une seule montée et une seule descente, c'est le Saint-Gothard. Dans les autres, après avoir traversé une des grandes chaînes, on est obligé de remonter fort rapidement pour traverser l'autre, excepté le Grimsel, dont la montée du côté du Vallais n'est pas si rapide.

Vallées obliques et cirques.

§. 5. Enfin il y a, dans les mêmes grandes chaînes, des vallées *obliques.* Quand ces dernières sont un peu longues, elles se terminent souvent à un cirque qui forme un cul-de-sac. Le plus grand que je connoisse, c'est celui du Mont-Rose, à l'extrémité supérieure du *Val-Anzasca*. Il est décrit, avec ses environs et sa sommité, par M. de Saussure (art. 2134 et suiv.) avec toute l'exactitude et les détails que ce savant physicien met toujours dans ses ouvrages. C'est une enceinte circulaire de deux lieues de diamètre dans le fond, où les maisons du village de Macugnaga, ses hameaux et ses pâturages, sont dispersés dans des prairies doucement inclinées, qui s'étendent jusqu'au pied des parois du cirque. Ces parois escarpées et presque verticales, s'élèvent jusqu'aux cimes des pics gigantesques qui forment comme une couronne au haut de cette enceinte, qui n'est ouverte que du côté du *Val-Anzasca;* en sorte que si on fermoit cette ouverture, l'enceinte formeroit un puits de deux lieues de diamètre et de mille toises de hauteur.

Ce cirque n'est pas sorti tel des mains de la nature, et les eaux, qui en découlent, sont absolument incapables de l'avoir formé. Qui est-ce donc qui a creusé ce puits? M. de Saussure se fait, à-peu-près, la même question; mais il se contente de dire que ce n'est pas un volcan ni autre explosion souterraine, parce qu'on n'y voit aucun vestige de l'action du feu, et que la situation des couches s'oppose à ces suppositions.

Pour moi, je crois qu'on pourroit l'expliquer facilement, dans l'idée du creusage des vallées par la grande révolution; en effet, les eaux trouvant trop de résistance dans cette masse énorme de montagne, furent forcées de retourner sur elles-mêmes, en circulant, comme on voit souvent sur les bords des rivières, et formèrent ainsi cette enceinte circulaire. Ce fait n'est pas unique : j'en connois beaucoup et de très-grands, qui ont exactement la même forme, avec une vallée qui y conduit. Les principaux, en Vallais, sont, l'un à deux lieues N. N-E de Sion, à l'extrémité supérieure de la rivière qui passe à Saint-Léonard; un second, à deux lieues aussi, mais N. N-O de la même ville; un troisième, vis-à-vis Louësch, à l'extrémité supérieure du torrent de Millegrabe; un quatrième, à une lieue Sud de Saint-Maurice, à l'extrémité supérieure de la rivière de Saint-Barthelemi. On voit aussi à la Gemmi, ou Gœmi, à une demi-lieue N. N-E des bains de Louësch, un enfoncement considérable, en forme de demi-cercle d'environ trois quarts de lieue de diamètre, et dont les parois sont presque verticales sur la hauteur de 400 toises : ce qui forme un précipice affreux, sur le bord duquel on a pratiqué un chemin de neuf à dix pieds de large, pour aller en Suisse. Il paroît que de grandes eaux avoient travaillé à se faire un passage dans cet endroit.

. Dans les Vosges, il y a aussi un cirque pareil au pied oriental du ballon d'Alsace, à l'extrémité de la vallée de Masvaux, à trois quarts de lieue du village de Sewen : c'est le plus grand de ceux que j'ai vus dans les Vosges ; il approche de celui du Mont-Rose. Il est demi-circulaire sur un diamètre de trois quarts de lieue, au moins ; ses parois sont verticales sur la hauteur de 400 toises.

Pics, aiguilles ou pyramides.

§. 6. Un autre objet bien intéressant dans les Alpes, et peut-être plus étonnant et plus admirable encore que les cirques, ce sont des pyramides posées sur de hautes montagnes, et qui les surmontent à une très-grande hauteur. La plus frappante et la plus majestueuse, c'est la haute et fière cime du Mont-Cervin, dite, dans le Vallais, *Matter-Horn*, *Corne-de-Matt*, du nom du village de *Zer-Matt*, qu'elle domine à deux lieues loin, 3o degrés de l'Ouest au Sud, respectivement à la cure de ce village, autrefois *Mont-Silvius*, et en allemand, *Augst-Thal-Berg*. C'est un obélisque triangulaire (1), dit M. de Saus-

---

(1) Je le croyois *quadrangulaire* ; parce que j'en avois vu trois faces, et que je ne l'avois pas vu tout autour ; mais il peut se faire que le côté, que je n'ai pas vu, soit une arrête et non pas une face.

sure, d'un roc vif qui paroît taillé au ciseau : la face orientale est plane, l'occidentale, un peu convexe, la septentrionale, presque plane ; mais toutes si escarpées, qu'elles ne donnent pas, *même*, prise à la neige, et qu'il est impossible d'aller au-dessus ; la pointe est recourbée vers l'Orient.

M. de Saussure mesura *géométriquement* la hauteur de cette pyramide : il la trouva 650 toises, 88 au-dessus de la base qu'il avoit choisie, près du col du Mont-Cervin ; et cette base, *au baromètre*, 1658 toises, 87 au-dessus de la mer ; ce qui donne 2309 toises, 75 pour la hauteur de la cime au-dessus de la mer ; élévation la plus grande qu'on ait mesurée dans les Alpes, après le Mont-Blanc et le Mont-Rose ; mais les 650 toises ne sont pas la longueur entière de la pyramide ; sa base est plus basse que celle des opérations géométriques. Je montai à la hauteur de cette base ; je la trouvai 1290 toises au-dessus de la mer ; si donc la cime est à 2310 toises, sa longueur, depuis la base à la cime, est de 1010 toises. C'est dans cette hauteur qu'elle paroît isolée, depuis Zer-Matt, comme une haute cheminée au-dessus du faîte d'un toit.

§. 7. On comprend que cette singulière pyramide, isolée dans une si grande hauteur, parle éloquemment en géologie. Voici mot-à-mot ce qu'en dit M. de Saussure (art. 2244, p. 414) : « Quel-

» que partisant que je sois de la cristallisation, il
» me paroît impossible de croire qu'un pareil obélis-
» que soit sorti, *sous cette forme*, des mains de la
» nature, avec ses couches coupées abruptement sur
» ses flancs ; car ce n'est point là un cristal, ou une
» pierre unique, ce sont des assemblages de cou-
» ches superposées, et de natures très-différentes.

» Quelle force n'a-t-il pas fallu pour rompre et
» pour balayer tout ce qui manque à cette pyra-
» mide ; car on ne voit autour d'elle aucun entasse-
» ment de fragmens ; on n'y voit que d'autres cimes
» qui sont elles-mêmes adhérentes au sol, et dont
» les flancs également déchirés, indiquent d'immen-
» ses débris dont on ne voit aucune trace dans le voi-
» sinage : sans doute, ce sont ces débris qui, sous
» la forme de cailloux, de blocs et de sable, rem-
» plissent nos vallées et nos bassins où ils sont des-
» cendus, les uns, par le Vallais, les autres, par la
» vallée d'Aost, du côté de la Lombardie ».

M. de Saussure parloit ainsi en 1789 ; et je n'au-
rois pas pu mieux m'expliquer, en faveur de mon
opinion sur le creusage des vallées, sur la dégradation des montagnes, sur le transport et le dépôt de
leurs débris.

§. 8. Il paroît étonnant que ce profond naturaliste ait laissé échapper ce fil qui l'auroit conduit à
l'explication facile et naturelle de beaucoup d'autres

faits, où il se jette dans des conjectures souvent arbitraires et impossibles, telles que le renversement,
le soulèvement ou l'affaissement de chaînes entières
de montagnes, sans en déranger la régularité des
couches.

J'avois déjà exposé ces idées de dégradation, de
transport et de dépôt, en 1786, dans un Mémoire
lu à la séance publique de l'académie de Besançon,
le 24 août, et inséré dans le *Journal de physique*,
au mois d'avril 1787. J'ai eu lieu ensuite de me confirmer, toujours de plus en plus, dans ces idées.

§. 9. Les autres principales pyramides de cette
partie des Alpes, sont d'abord les Aiguilles du Mont-
Blanc, ensuite les deux pyramides calcaires près du
col de la Seigne, la pointe de Barasson entre le grand
Saint-Bernard et le Mont-Vélan, élevée en pyramide
triangulaire, à 1510 toises au-dessus de la mer ; une
pointe pareille, et de même hauteur, à un endroit
dit l'Air-du-Champ, à l'Ouest de la vallée d'Annivier ;
les deux dents de Saint-Maurice en Vallais ; ces deux
dernières sont de même élévation que la pointe de
Barasson, d'où je les ai mesurées au niveau.

§. 10. On peut appliquer, à toutes ces pyramides,
le même raisonnement qu'à la cime du Mont-Cervin,
parce qu'elles disent *toutes* qu'elles ne sont pas sor-
ties *telles* des mains de la nature ; et leurs débris ne
se trouvent pas non plus à leurs pieds.

Escarpemens.

§. 11. La grande chaîne occidentale du Vallais est escarpée, du côté du Rhône, presque tout le long, près de sa sommité ; mais les escarpemens ne sont bien sensibles que depuis l'extrémité N-E de la vallée de *Loëtschen* ; ils continuent avec quelques interruptions, jusqu'à la montagne dite *les Diablèrets*. On les retrouve de l'autre côté du Rhône, près de Saint-Maurice, d'où ils passent derrière le cirque de Saint-Barthelemi, et paroissent tendre à se joindre à la montagne calcaire du col de Balme, et à celles de Sambrancher et de Volège ; ce qui forme au bas du Vallais, une enceinte de huit à dix lieues, remplie des débris des montagnes du Haut-Vallais. Je crois bien que le calcaire continue, au moins, jusqu'à la vallée de Viège : j'en ai vu jusque-là en beaucoup d'endroits.

La grande chaîne orientale du Vallais, ayant été coupée et abaissée, par sept à huit larges vallées transversales, elle n'est pas si élevée, près de la vallée du Rhône, ni si escarpée que l'occidentale.

§. 12. Une autre espèce d'escarpemens, ce sont des faces de montagnes coupées à pic, sur la hauteur de 3 à 400 toises, et lavées par les eaux du côté de la source des rivières. On en voit en deux endroits de très-grands, au bas de la vallée d'Anni-

vier, qui coupent le chemin des habitans de la montagne, qui conduit à la vallée du Rhône : on a été
obligé, pour passer, d'y pratiquer, tout autour, des
ponts semblables à ceux des maçons, qu'on appelle
les Pontis. Il y a un escarpement semblable, mais
moins élevé, dans la face de la vallée de Louëch,
qui regarde la source du Rhône : on a pratiqué à
côté de celui-ci, des escaliers de bois pour descendre dans la vallée.

Il est à regretter que M. de Saussure n'ait de-
meuré que deux jours, dans le Vallais, entre Martigny
et Brigue, et en suivant toujours la grande route ; un
plus long séjour dans cette partie de la vallée et sur
les montagnes qui la bordent, ne lui auroit pas laissé
échapper tous les escarpemens dont je viens de parler ; et il n'auroit pas dit (art. 2117), qu'on ne trou-
voit aucun indice qui témoignât que cette grande
vallée eût été creusée par les eaux, ni aucune trace
d'érosion.

§. 13. D'ailleurs, si la vallée du Rhône eût déjà
été creusée avant la grande débâcle, et qu'elle eût été
aussi ancienne que les montagnes (art. 577 de M. de
Saussure), comment les gros blocs de granit, de
roches feuilletées, de serpentines, etc., qui viennent de la chaîne méridionale, et qu'on trouve, en
grande quantité, sur le revers de la chaîne septentrionale à 2 ou 300 toises, au moins, au-dessus

du Rhône, soit à découvert, soit dans les débris des montagnes, comment, dis-je, ces blocs auroient-ils été portés d'une chaîne à l'autre, à une si grande hauteur ?

Pour le Mont-Blanc et les deux chaînes collatérales (voyez ci-après, §. 20, pag. 24).

§. 14. En suivant le cours de l'Arve, après la vallée de Chamouni, on voit, sur la droite, quelques escarpemens, et au-dessus de Saint-Martin, une montagne très-élevée, dite l'*Aiguille de Varens :* de même depuis Saint-Martin jusqu'à Cluse, il y a beaucoup d'escarpemens et des pyramides très-élevées, dans les deux chaînes qui bordent l'Arve ; mais le plus intéressant de ces escarpemens, c'est celui d'une chaîne de montagnes extrêmement élevées au-dessus de Sallenche : celui-ci regarde le Mont-Blanc, et paroît indiquer entre lui et cette chaîne, un ancien et très-grand courant qui venoit du côté des Hautes-Alpes : ce qui pourroit confirmer cette conjecture, c'est que la montagne qui borde l'Arve entre Sallenche et Saint-Gervais, éloignés d'une lieue et demie, est très-abaissée ; ce n'est qu'une colline dont le fond est d'ardoises, mais parsemée de gros blocs de granit étrangers au sol : on voit aussi de ces blocs de granit très-grands et de différentes espèces dans la Sallenche et autour de la ville. Je croirois, volontiers, que ce seroit ce grand courant qui auroit forcé l'Arve à se recourber sur la droite, en cet endroit, pour prendre la direction du Sud au Nord, comme un autre grand courant, qui descendoit de la vallée d'Entremont auroit forcé le Rhône à se recourber, dans le même sens, près de Martigny.

Un autre escarpement bien remarquable, situé au-dessus de la Chartreuse du Reposoir, c'est un feuillet mince, absolument inaccessible, qui s'élève comme une crête par-dessus une tête de rocher déjà très-élevé, et qui est percé à jour, près de son bord occidental.

§. 15. Ordinairement, les escarpemens qui bordent une grande vallée, des deux côtés, se regardent, et par conséquent, ils sont tournés contre la même vallée ; ce qui est un indice que la vallée a été creusée par un grand courant : quelquefois, quand le courant a été très-violent, il y a plusieurs chaînes de montagnes, placées les unes derrière les autres, escarpées du même côté, contre le milieu du courant, comme on voit entre le Cramont et l'Allée-Blanche, et en plusieurs autres endroits.

§. 16. M. de Saussure (art. 281), dit qu'il arrive *quelquefois;* et j'ajoute, il arrive *très-souvent* qu'une montagne est chargée, du côté de ses escarpemens, de débris accumulés ou d'autres couches qui cachent ces escarpemens, en grande partie.

§. 17. De plus, il n'est pas rare, dans les grandes

vallées, que ces débris aient été escarpés eux-mêmes, par la suite du courant; qu'il en soit resté une
partie contre les premiers escarpemens; et qu'enfin
ces restes se soient formés en espèce de couches verticales, par le desséchement et la retraite.

Quoi qu'il en soit de cette explication qui, me paroît bien naturelle, le fait est que l'on trouve, assez
souvent, de ces prétendues couches verticales appuyées contre le bas des escarpemens de montagnes,
même, à couches horizontales. M. de Saussure
(art. 239), dit aussi en avoir vu souvent. La première fois qu'il s'en aperçut, il crut d'abord que
c'étoient quelques rochers tombés ou glissés accidentellement du haut de la montagne; mais, en les
examinant avec plus de soin, en voyant leur étendue, leur élévation, leur nombre et leur régularité,
il fut forcé de reconnoître que ces couches verticales
avoient été bien certainement formées dans la place
qu'elles occupoient.

Sur quoi ce célèbre naturaliste (art. 238), cons-
jecture, et (art. 240), il croit vraisemblable que le
Mont-Salève, qui se trouve dans ce cas, a dû avoir
anciennement des couches inclinées et descendantes
du côté du lac de Genève, comme il en a du côté
opposé; que des révolutions ont détruit la partie
descendante des couches du côté du lac, en laissant
à découvert les tranches escarpées; qu'enfin les couches

ches verticales se sont formées contre le pied de ces mêmes tranches.

Voilà, à-peu-près, ce que je viens de dire. Mais comment ces couches verticales ont-elles été formées? M. de Saussure recourt à la cristallisation (art. 239). Pour moi, je pense que, la cristallisation des montagnes fut-elle vraie, on ne pourroit pas l'appliquer aux couches verticales dont il s'agit ici; parce qu'elles portent des indices du travail des eaux courantes : elles sont partagées et sillonnées : elles sont rompues, en plusieurs endroits : elles manquent même totalement, en d'autres : et là où elles manquent, il y a des couches horizontales du corps de la montagne qui ont souffert du courant. D'ailleurs, il n'y eut pas assez de temps entre la grande débâcle et la retraite des eaux pour former ces couches par la cristallisation; c'est pourquoi, jusqu'à meilleure explication, je m'en tiendrai à ce que j'ai dit au commencement de cet article.

§. 18. Un autre fait, peut-être plus embarrassant encore pour les naturalistes, ce sont certaines montagnes schisteuses. Voici comment en parle M. de Luc, tome II, lettre 37ᵉ. Ces montagnes sont composées de feuillets minces, qui, séparés de la montagne, pourroient être regardés comme des couches; mais qui, vus dans le rocher, se trouvent inclinés en tous sens : dans d'autres masses

B

voisines, la composition est plutôt par fibres que par feuillets, et le moëlon ressemble aux copeaux de bois d'un chantier : ailleurs et fort proche, c'est une multitude de paquets enchevêtrés, les uns dans les autres, sans ordre ni direction fixe, les uns presqu'en rouleaux, les autres en zigzag : en un mot, le tout est si tortillé qu'il est impossible de regarder ces montagnes comme des dépôts de l'eau, et d'autant plus qu'on n'y trouve aucun corps marin.

Ce fut dans un de ces *chantiers* pétrifiés, que M. de Luc abjura son erreur sur la formation *générale* des montagnes par les dépôts de l'eau : c'est ainsi qu'il s'en explique, pag. 207 : non, se dit-il, à lui-même, non, l'eau n'a pas fait cette montagne, ni celle-là, ni celle-là ; sans cependant refuser cette origine à d'autres qui en portoient des indices non équivoques.

Mais comment donc ces montagnes schisteuses ont-elles été formées? M. de Luc ne le dit pas : je ne déciderai pas, dit-il, pag. 215, que l'eau n'a pas eu de part à leur formation ; mais je crois pouvoir affirmer que, si elle y a contribué, ce n'est pas de la même façon que dans les ardoises secondaires, (c'est-à-dire, par dépôt). Il ne leur ôte pas non plus décidément le titre de primordiales.

M. de Saussure nous parle aussi de beaucoup de montagnes dont les couches sont ondées, fléchies, relevées, repliées sur elles-mêmes, sous beaucoup de formes, comme et Z, en S, en C, en $)($, surtout dans une pierre brune, feuilletée, composée de calcaire et d'argille, qui règne depuis la caverne de Balme, à une lieue de Cluse, en Faucigny, jusqu'à Saint-Martin, vis-à-vis Sallenche.

Il y en a même sous des formes encore plus compliquées : on voit des couches arquées, qui sont horizontales dans le bas, servir de base au rocher de la cascade du Nant d'Arpenaz, se relever ensuite sur la droite, et venir, en tournant, former le faîte de ce même rocher.

Mais comment rendre raison de toutes ces couches si variées et si bizarres? Wallerius attribue ces formes à des froissemens ou à des bouleversemens qu'ont soufferts ces feuillets, tandis qu'ils étoient encore mous et flexibles. Et, sans doute, dit M. de Saussure, (art. 159), de tels accidens peuvent être arrivés quelquefois : je croirois cependant, ajoute-t-il, que c'est, pour l'ordinaire, la cristallisation qui leur a donné ces figures variées ; mais (art. 475), il donne tout à la cristallisation. J'ai peine à croire, dit-il, que ces couches, *qui sont si bien suivies dans tous leurs contours*, aient été formées dans une situation horizontale, et qu'ensuite des bouleversemens leur aient donné ces positions bizarres; parce que des explosions souterraines rompent, déchirent et ne soulèvent pas avec le ménagement qu'exigeroit la conservation de la continuité de toutes ces parties : la cristallisation, ajoute-t-il, peut seule, à mon avis, rendre raison de ces bizarreries : il donne, pour exemple et pour preuve, la formation des albâtres; mais (art. 755), il suspend son jugement, en disant seulement, *ces infractuosités des couches sont-elles un effet de la cristallisation ou bien d'un mouvement de pression qui a refoulé des couches planes, lorsqu'elles étoient encore flexibles?* Enfin, (art. 1672), il dit, en les examinant avec soin, (les couches tortueuses en zigzag, etc.) on reconnoît clairement que c'est un froissement violent qui leur a donné cette forme.

Voilà bien des embarras et des incertitudes dans ces deux fameux naturalistes de Genève : et, il faut avouer que ce fait est vraiment embarrassant. Je me hasarderai cependant à dire ce que j'en pense.

D'abord je ne crois pas, non plus, que ce soient des explosions ni des bouleversemens qui aient changé la situation des couches déjà formées; parce qu'elles n'auroient pas conservé la continuité de tous les contours de leurs formes actuelles : d'ailleurs on ne doit avoir recours à ces agens *presque surnaturels,* comme les appelle M. de Saussure, que quand on manque absolument de toute autre explication au moins probable.

Pour la cristallisation, l'exemple des albâtres est

entièrement différent : les albâtres se forment dans
la tranquillité des grottes par le résidu des gouttes
d'eau chargées de matières pierreuses, et qui s'étendent sur une surface plus ou moins raboteuse dont
elles suivent les sinuosités ; mais on comprend diffi-
cilement une cristallisation qui, au milieu de toutes
les agitations violentes de la mer, suivroit constamment tous les contours des différentes formes dans
une seule matière mêlée avec d'autres qui n'auroient
éprouvé aucune de ces formes bizarres.

Je croirois donc que toutes ces différentes formes
seroient dues à la ductilité de l'argile, qui transportée, battue, et, pour ainsi dire, pétrie dans la
grande débâcle, auroit été roulée, déposée, étendue, foulée et refoulée sous toutes ces formes, par
l'agitation des eaux et par la pression des matières
environnantes.

Quant aux couches arquées du rocher de la cascade du Nant d'Arpenaz, il n'est pas nécessaire de
supposer, comme fait M. de Saussure, qu'elles
ont été relevées, par continuité, depuis la base du
rocher en montant jusqu'au sommet, pour en former le faîte ; car il n'est pas impossible que la matière argileuse, bien préparée, molle comme de la
pâte, déposée au sommet du rocher, ait glissé tout
le long, jusqu'au pied, qu'elle s'y soit étendue horizontalement, et qu'elle ait été recouverte par d'au-

trcs matières. Ou , si l'on aime mieux , il est possible
que cette matière ait été déposée immédiatement
dans les endroits où elle se trouve.

§. 19. Il y a encore, dans la structure des montagnes , un fait qui me paroît bien intéressant pour
la géologie : ce sont des *repos* , ou *plateaux* , ou
plaines plus ou moins grandes que l'on trouve *fré-*
quemment (on pourroit dire *ordinairement*) sur les
revers des montagnes et dans les vallées, surtout , à
leur extrémité supérieure. Assez souvent, ces plaines ,
sur les revers des montagnes , se correspondent , en
hauteur , de chaque côté d'une vallée : et , si une des
chaînes est plus élevée que l'autre , on y voit une
plaine qui répond à la sommité de la plus basse. Dans
les vallées , ces plaines , quelquefois presqu'horizontales et marécageuses , semblent indiquer qu'elles ont
été des fonds de lacs , d'autant plus probablement ,
que l'on y voit , dans le bas , comme des restes de
digues rompues par le cours des rivières.

Ce fait , étant très-fréquent , je pourrois en citer
beaucoup d'exemples : je m'en tiendrai au cours du
Rhône , depuis ses sources jusqu'au lac de Genève.
Dans cet intervale , les montagnes se resserrent en
cinq endroits , laissant au fleuve un passage fort étroit,
et toujours au bas des plaines marécageuses ; d'a-
bord un peu plus bas que les sources du Rhône ; ensuite , au bas de Nider-Wald ; puis près de Naters ;

de même à une lieue au bas de Sion ; enfin , près de Saint-Maurice : et , partout , les montagnes s'élargissent ensuite avec la vallée.

Ces rapprochemens et ces éloignemens successifs des montagnes, si fréquens aussi dans les autres grandes vallées , prouvent la fausseté de l'idée générale des angles saillans et rentrans qui fit tant de bruit dans le dernier siècle : on la reçut avec avidité et sans examen suffisant , parce qu'elle parut favoriser la formation des montagnes et le creusage des vallées , par les courans de la mer ; mais on se pressa trop de généraliser des observations particulières.

Voici comment s'en explique M. de Saussure , (art. 577). *L'observation de Bourguet sur les angles saillans et rentrans..... est tout-à-fait trompeuse ; elle n'est vraie que des vallées transversales , étroites , de formation récente depuis la retraite des eaux , ou par leur retraite même ; tandis qu'au contraire , les grandes vallées longitudinales présentent souvent des renflemens et des étranglemens successifs , et par conséquent le contraire des angles saillans et rentrans.*

Les repos ou plaines , dont il s'agit dans cet article , surtout ceux des revers des montagnes , semblent nous dire aussi que la retraite des eaux qui changèrent la surface de la terre , ne se fit pas comme un courant continuel qui se précipiteroit violemment

dans des gouffres , ni par une opération lente et insensible, comme on voudroit l'attribuer au changement du niveau de la mer ; mais par degrés , et à différens temps, non éloignés les uns des autres. Entre
Gap et Sisteron , ces degrés augmentent en largeur
à proportion qu'ils approchent du pied des montagnes.

MONT-BLANC.

Description du Mont-Blanc et des environs.

§. 20. Le Mont-Blanc joue le plus grand rôle, en
géologie , parmi les montagnes des Alpes : sa grandeur, sa structure, sa nature et sa dégradation journalière, méritent l'attention de tous les géologues.

Grandeur du Mont-Blanc.

§. 21. En prenant la longueur du Mont-Blanc,
depuis le val de Mont-Joie au S-O, jusqu'à la vallée de Ferret, qui descend du côté d'Orsière au N-E,
son grand diamètre est d'environ dix à douze lieues.
Sa largeur prise depuis Chamouni au N-O, jusqu'à
l'Allée-Blanche, près de Courmayeur, au S-E,
donne quatre à cinq lieues à son petit diamètre. L'é-
lévation de sa plus haute cime est de 1926 toises
au-dessus de Chamouni , et de 2450 toises au-dessus
de la mer.

Structure du Mont-Blanc.

§. 22. Le Mont-Blanc, comme toutes les autres

montagnes de cette partie des Alpes, a été sillonné du N-E au S-O. La plus haute chaîne est plus suivie que les autres : elle est cependant coupée par quelques cols ; et les montagnes, qui dominent ces cols, ne sont pas de même hauteur dans toute la longueur de la chaîne. Les autres chaînes, de chaque côté de la grande, ne sont pas encore si continues qu'elle ; mais elles sont coupées profondément, et leurs parties forment des pyramides ou aiguilles d'une très-grande hauteur, posées en ligne droite, dans la direction de la grande chaîne, dont les pieds de ces pyramides sont séparés par des espèces de vallées. Entre ces grandes pyramides et la grande chaîne, il y a d'autres pyramides beaucoup plus petites, posées aussi en ligne droite et dans la même direction que les grandes. Tout cet ensemble ne ressemble pas mal à un toit fort long et fort élevé, dont le faîte seroit coupé de distance en distance, et sur lequel on verroit s'élever, de chaque côté du faîte, de hautes cheminées posées en ligne droite.

Pour mieux distinguer la direction de la grande chaîne, des vallées et des pyramides, il faut voir le Mont-Blanc en profil ; mais pour mieux distinguer les cols et les pyramides, il faut le voir en face.

§. 23. Le massif qui est au pied de ces chaînes et de ces pyramides commence à s'élever, de chaque côté de la montagne, en pente rapide, contre le centre de la grande chaîne, depuis les vallées qui le bordent; savoir la vallée de Chamouni au N-O, et celle de l'Allée-Blanche au S-E : le haut de la montagne est beaucoup plus escarpé de ce dernier côté, où l'on voit des rochers coupés à pic à la hauteur de seize cents toises; mais les glaciers sont beaucoup plus grands au N-O qu'au S-E : celui des bois descend jusqu'à la vallée de Chamouni; deux autres en approchent beaucoup.

Les couches du massif du Mont-Blanc, qui bordent la vallée de Chamouni, courent, comme cette vallée, du N-E au S-O : elles sont presqu'horizontales dans le fond de la vallée : elles se relèvent graduellement, dans toute cette chaîne : elles redeviennent horizontales sur les plateaux horizontaux, et enfin, presque verticales aux pieds des aiguilles. On voit que leur position dépend du noyau sur lequel les débris ont été déposés.

Les couches des pyramides ou aiguilles, en général, ont à-peu-près la même direction que celles du massif : elles sont verticales, et divisées en feuillets verticaux qui s'appuient contre le corps même de la pyramide : quelquefois, ces feuillets tournent autour de la pyramide, comme les feuilles d'un artichaut autour du cœur.

NATURE DU MONT-BLANC.

1°. Revers septentrional qui domine sur la vallée de Chamouni.

§. 24. Toute la chaîne qui borde la vallée de Chamouni, sur la longueur de 7 à 8 lieues, est de la nature des primitives, dans le sens qu'on leur donne communément. En montant contre la chaîne centrale, on ne trouve d'abord que des fragmens des pierres dont est composée toute la montagne. Les premiers rochers, en place, sont des roches feuilletées quartzeuses, micacées, mélangées à différentes doses, de pierres de corne et de cristaux de feldspath ; on y trouve aussi de l'asbeste et de l'amiante; la grosseur des grains varie encore plus que la nature. Ces roches s'approchent de la nature du granit, à mesure qu'elles approchent du haut de la montagne. Tel est, en général, tout le pied ou le massif du Mont-Blanc, du côté de la vallée de Chamouni, jusqu'à environ 7 à 800 toises au-dessus de cette vallée.

§. 25. Plus haut, commencent les granits en masse, avec les pyramides qui en sont toutes composées : on trouve cependant encore des granits veinés et des roches feuilletées parmi ces granits : et, quelquefois même, des granits en masse sont encaissés dans ces roches ou alternent avec elles : d'autrefois,

des couches minces de vrai granit en masse, renfermées dans une roche de corne feuilletée, à feuillets très-minces aussi, deviennent graduellement
moins distinctes à mesure qu'elles s'éloignent de la
plus parfaite. Les masses des pyramides paroissent
aussi entrecoupées par des bancs de roches feuilletées; car on trouve, à leurs pieds, beaucoup de fragmens de ces roches et de granits veinés : quelquefois aussi le granit est parsemé de pierre de corne,
de schorl, de grenats ou de pyrites.

Un mélange encore plus bizarre, à l'aiguille du
midi, c'est un vrai granit en masse, mélangé avec
une roche grise qui tient de la roche de corne. *Ici,
un banc de granit encaissé entre des couches de
roche; là, le même banc est, par places, de granit, et, par places, de cette roche; plus loin, ce
sont des filons transversaux; ailleurs, des rognons
de granit renfermés dans cette même roche.* (Saussure, art. 674). La cristallisation seule peut expliquer des mélanges aussi singuliers, ajoute cet habile physicien. (Le dépôt des débris de la grande
débâcle l'explique bien plus naturellement, et d'autant plus que ces mélanges ne sont pas dans le corps
des aiguilles, mais à leurs pieds : ce qui annonce
deux corps bien différens pour la structure et pour
la nature, celui des pyramides dont on ne connoît
pas la profondeur, et celui du massif lui-même, qui

est composé, *en partie,* de leurs débris, et appuyé contre elles).

§. 26. La cime du Mont-Blanc étant entièrement et continuellement couverte de neige, on n'en voit sortir aucun rocher qui puisse faire connoître sa nature : ce n'est qu'à environ 70 toises plus bas, du côté de l'Allée-Blanche, qu'il en paroît un où l'on trouve trois genres de pierre, savoir des granits, des roches composées de hornblende noire et de feld-spath et de petrosilex primitif. A la même hauteur, peut-être un peu plus bas, du côté du Nord, on voit un autre rocher d'une espèce de granit ou granitello, composé de feld-spath blanc, de hornblende, de schiste ou pierre de corne verdâtre; le tout mêlé, à différentes doses; quelquefois ces élémens sont entièrement séparés les uns des autres.

2°. *Revers occidental qui domine sur le val de Mont-Joie, depuis la Forclaz, au-dessus de Saint-Gervais, jusqu'au col de la Seigne.*

§. 27. *Nota....* Les détails suivans sont tirés des voyages de M. de Saussure, tome second.

De chaque côté de la Forclaz, élevée de 765 toises au-dessus de la mer, ardoises et roches de corne : en descendant à Bionnai et aux environs de ce village, roches, en place, les unes quartzeuses et micacées, d'autres, roches de corne mêlée de feld-spath ; ardoises qui recouvrent des roches de corne , brêches calcaires ou, plutôt, tuf qui renferme des fragmens de spath calcaire, de pierre calcaire et d'ardoise, environ 5oo toises au-dessus de la mer.

De Bionnai à Contamines, roches feuilletées quartz et mica, roches de corne recouvertes par des ardoises. Ces dernières se trouvent aussi de l'autre côté du Bon-Nant ; mais elles ne s'étendent pas loin.

Aux environs de Contamines, quantité de blocs roulés de roches dures, à fond de quartz, de feldspath et de schorl : granitello déposé en couches quelquefois unies à des couches de roches de corne.

Au couchant du rocher qui porte le nom de *Bon-Homme*, on voit une montagne calcaire étonnante, en ce genre, par la hardiesse avec laquelle elle élève contre le ciel ses cimes aiguës et tranchantes, taillées à angles vifs dans le costume des hautes cimes de granit : elle repose sur un rocher primitif enclavé dans des rochers calcaires, et qui forme un promontoire qui s'avance sous la chaîne secondaire située à l'occident de la vallée.

En montant au *Plan des Dames*, ardoises à feuillets minces, mêlées de feuillets plus épais de quartz blanc ou jaunâtre. Au-dessus du même plan, rocher, à couches verticales, composé de quartz, de mica et de pierre de corne verte.

Près du sommet du col du Bon-Homme, ou traverse un banc épais de tuf calcaire jaune, mêlé de fragmens de pierre calcaire; plus haut et jusqu'au sommet du col, vraies ardoises noires et brillantes auxquelles succèdent des bancs calcaires, dont la situation est presque verticale; mais la cime du Bon-Homme et celles de toutes les montagnes voisines, au Nord et au N-E, sont un grès dur qui repose sur des rocs primitifs, et on distingue très-bien la ligne qui sépare ces deux genres de pierre.

Depuis le col du Bon-Homme jusqu'à la Croix, on traverse des grès, des brêches calcaires, des pierres calcaires et des ardoises qui alternent et se répètent à plusieurs reprises : parmi les grès, il y en a qui renferment des cailloux roulés, d'autres n'en renferment point.

Le haut du passage, près de la Croix, à 1255 toises au-dessus de la mer, est composé d'ardoises minces mêlées de feuillets de quartz : en descendant du côté du *Chapiu*, mêmes ardoises en alternative avec des grès mêlés de mica, des calcaires et des brêches calcaires : vers le bas de la descente, grès, à couches minces pliées et repliées en zigzag, entre des couches planes et parallèles. Phénomène rare dans les grès.

Du Chapiu au Hameau du Glacier, on trouve beaucoup de débris des montagnes voisines, dont la plupart sont des brêches calcaires; il y en a cependant quelques-unes de quartz : ensuite, roches à couches minces recouvertes de feuillets blancs de mica.

En montant à la cime de la montagne dite, *les Fours*, on trouve, d'abord, des ardoises recouvertes de mica et qui renferment quelques parties de quartz : ensuite, des calcaires qui passent sous ces ardoises, et dont les couches sont entremêlées de feuillets de quartz ferrugineux : puis, reviennent des ardoises et des couches calcaires entremêlées avec elles, et brillantes au dehors à cause du mica qui les recouvre.

Ensuite, toujours en montant, on trouve un grand bassin, presqu'à fond plat, tout remplis de débris des montagnes qui l'entourent : près du sommet du col, beaux bancs de grès qui sortent de dessous la pierre calcaire : plus haut que le col, en allant à la cime, bancs de grès avec des alternatives irrégulières de grès pur et de grès mêlé de cailloux arrondis : les plus élevés n'en contiennent point : sur la cime, ces grès sont recouverts par une ardoise brillante, à 1396 toises au-dessus de la mer : en descendant, du côté opposé, on retrouve les mêmes bancs d'un grès semblable au précédent.

Plus bas, est l'aiguille de *Bellaval*, où l'on trouve des granits veinés, mêlés de pierre de corne, et une roche feuilletée composée de quartz et de schorl noir.

En allant du Hameau du Glacier au col de la Seigne,
roche

roche quartzeuse, interposée entre des bancs d'ardoise : et un peu plus haut, roche calcaire.

3°. *Revers méridional qui domine sur l'Allée-Blanche, depuis le col de la Seigne jusqu'au col de
Ferret.*

§. 28. Le col de la Seigne est à 1263 toises au-
dessus de la mer. Vers le haut de la montagne, avant
d'arriver au passage, et dans le passage même, tuf,
ardoises, grès feuilletés en état de décomposition,
et grès calcaires entre les ardoises : sur l'arête du
col, au N-O du passage, roches quartzeuses micacées : plus haut, dans la même direction, ardoises
comme les précédentes : plus haut encore, tuf jaunâtre (1). Au S-E du passage, montagne de brèche calcaire à fragmens lenticulaires aplatis, qui
paroissent avoir été arrondis dans les eaux par le
roulis et le frottement : l'ensemble est mêlé de mica,
mais il n'y en a point dans les fragmens même.

En descendant le col de la Seigne, du côté de
l'Allée-Blanche, brèche calcaire à fragmens aplatis
comme ci-devant : plus bas, ardoises et grès feuilletés micacés entre deux bancs de ces mêmes brèches.

Dans tout ce revers méridional du Mont-Blanc,

---

(1) Ce tuf et les ardoises sont fréquens sur les cols qui
terminent les hautes vallées des Alpes.

une très-grande variété de débris immenses des montagnes qui le dominent : la Moraine du glacier de *Miage* en est composée à la hauteur de 100 à 150 pieds.

Les hautes aiguilles qui surmontent ces débris, sont escarpées et entrecoupées de grands glaciers : leurs feuillets verticaux et pyramidaux, appuyés les uns contre les autres, se dirigent exactement comme ceux du côté de la vallée de Chamouni, qui est parallèle à l'Allée-Blanche : trois grandes pyramides forment les bases avancées du Mont-Blanc; ce sont *le Mont-Péteret*, *le Mont-Rouge* et *le Mont-Broglia* : d'autres pyramides, plus petites, sont placées derrière et au-dessus d'elles, comme du côté de Chamouni; et toutes ont leurs plans parallèles à l'Allée-Blanche.

A la vue de ces grands objets, M. de Saussure demande quelle idée on peut se faire de l'origine de ces feuillets plans, et de toutes ces pyramides grandes et petites qui résultent de leur assemblage, si on ne les considère pas comme les restes ou les noyaux les plus durs des couches qui ont résisté aux ravages du temps, tandis que les parties intermédiaires, qui les lioient ensemble, ont été détruites *par ces mêmes ravages?* S'il avoit dit *par la grande débâcle*, nous serions d'accord.

Mais, ajoute cet ingénieux observateur, jusqu'à

quel point la cristallisation a-t-elle contribué à déterminer ces formes pyramidales? Doit-on considérer
le Mont-Blanc, ou telle autre de ces aiguilles, comme
un énorme cristal? ou sont-ce les injures de l'air qui,
en détruisant les parties les plus tendres, ont taillé
mécaniquement ces pyramides? M. de Saussure parloit ainsi en 1786. Voyez pour réponse (ici, §. 7),
ce qu'il dit ensuite, lui-même, en 1796, de la pyramide du Mont-Cervin, et qu'on peut appliquer aux
pyramides du Mont-Blanc, et aux autres semblables.

§. 29. Les dehors de la *base* du Mont-Broglia sont
une roche feuilletée de quartz et de mica, qui forme, quelquefois, des rochers entiers séparés du corps
de la montagne, avec quelques couches en zigzag
et des filons de quartz : plus haut, granitello composé de feld-spath et de schorl noir mélangés dans
toutes les proportions, et sous toutes les formes imaginables : ici, larges bandes parallèles de blanc pur
et de noir pur ; là, des nœuds du plus beau noir,
entourés de veines concentriques, alternativement
blanches et noires ; ailleurs, des veines en zigzag
renfermées entre des veines parallèles ; enfin, des
couches parallèles entr'elles, terminées par d'autres
couches qui les coupent à angles droits, et qui ne
font absolument qu'une seule pierre sans qu'on y voie
la moindre soudure. Les *bases* des montagnes qui
bordent le glacier de Miage, à droite et à gauche,

sont toutes composées de ce genre de pierre : leur forme est un assemblage de feuillets pyramidaux extrêmement aigus, séparés par des fissures qui descendent jusqu'à leur base. M. de Saussure (art. 893), en observant tous ces phénomènes, se demandoit, si l'ensemble de cette organisation ne prouvoit pas une cristallisation qui avoit produit, au fond des eaux, des couches *horizontales*, *redressées* ensuite par une grande révolution, et divisées enfin par le temps. Onze années d'observations et de méditations, ajoute-t-il, n'avoient fait que le confirmer dans cette opinion.

Mais **M.** de Saussure venoit de dire (art. 340), *à force de rencontrer des couches dans cette situation, (verticale), de les voir dans des montagnes bien conservées, et qui ne paroissent point avoir subi de bouleversement, et d'observer une grande régularité dans la forme et dans la direction de ces couches, je suis venu à penser que la nature peut bien avoir aussi formé de ces bancs très-inclinés, et même perpendiculaires à la surface de la terre.*

C'est-là ce qu'il pouvoit dire des phénomènes précédens, sans recourir à des hypothèses aussi incompréhensibles qu'impuissantes de *redresser* des couches horizontales, surtout dans une montagne aussi énorme que le Mont-Blanc, dans laquelle on trouve actuellement des couches horizontales, mêlées avec les verticales, et qui auroient été, elles - mêmes, verticales avant le redressement.

D'ailleurs, une considération plus simple et plus naturelle, pour expliquer ces phénomènes, c'est que toutes ces combinaisons bizarres, et toutes ces formes variées à l'infini et de différentes matières, qui composent les *bases* de ces montagnes, ne sont pas de première formation : ce sont des débris de plusieurs montagnes de différens genres, détachés, brisés, mêlés, entraînés et déposés, par la grande débâcle, sur les noyaux des montagnes premières et à leurs pieds. On en voit, tous les jours, des exemples, dans les dépôts des grandes ravines, où les matières ont pris différentes inclinaisons.

§. 30. Entre les chalets du *Pré-de-Bar* et le glacier du *Mont-Dolent*, à 1040 toises au-dessus de la mer, il y a une colline beaucoup plus élevée que le pied de ce glacier, et qui en est séparée par une profonde vallée ; cependant cette colline est couverte de blocs de granit qui n'appartiennent point au fond du terrain dont la nature est toute différente, mais qui ressemblent parfaitement à ceux que charie actuellement le glacier.

M. de Saussure croit que ces blocs furent anciennement déposés là par le glacier, et qu'il faut que ses glaces aient été autrefois, de deux cents pieds, au moins, plus hautes et plus épaisses qu'elles ne

sont à présent ; d'où il conclud que ce glacier a beaucoup diminué.

Mais, il n'y a point d'apparence que ce soit le
glacier qui ait porté ces blocs sur cette colline : il
en est de ces blocs comme de ceux du Jura et du
Salève, qui se trouvent élevés à 4 ou 500 toises au-
dessus des vallées qui les bordent : c'est la grande
débâcle qui les conduisit où ils sont, et qui, continuant ses ravages, creusa les vallées qui sont à leurs
pieds. On n'en peut donc rien conclure pour la di-
minution du glacier qui n'existoit pas alors.

LES ENVIRONS DU MONT-BLANC.

1°. *L'Allée-Blanche.*

§. 31. La vallée, qui porte le nom d'Allée-Blanche, se termine, à ses extrémités, par deux cols
fort élevés, celui de la Seigne, au S-O, et celui de
Ferret, au N-E, sur la longueur de 9 à 10 lieues :
elle a la même forme que la vallée d'Urseren, (§. 13).
Comme elle, elle paroît avoir été un lac profond
dont les eaux s'écoulèrent par la vallée de Courmayeur.

J'ai déjà décrit la nature du col de la Seigne,
(§. 28), et de ses revers jusqu'au fond de l'Allée-
Blanche ; d'où sortent deux pyramides calcaires mêlées de mica, excessivement aiguës, qui s'élèvent

près du col et plus haut que lui, et dont les couches sont coupées à pic du côté du Mont-Blanc.

Le fond de la vallée est calcaire; mais, après avoir passé celle de la Doire, on voit, sur la gauche, à $\frac{3}{4}$ de lieue au-dessus de l'Allée-Blanche, des schistes entremêlés de couches de grès fin peu cohérent, appliqués aux granits, contre le pied de la montagne, sur la longueur de plusieurs lieues.

Ces schistes sont à couches verticales et à feuillets ondés; ils font effervescence avec les acides : il y a quatre nuances entr'eux et les granits. 1°. Les feuillets des schistes deviennent plus ressemblans à du mica; 2°. on y voit des feuillets de vrai mica et un mélange de quartz; 3°. un vrai quartz mêlé d'un peu de mica; 4°. un granit gris à très-petits grains de quartz, de feld-spath et de mica; mais le granit n'a toute sa perfection, et ses grains ne sont bien nets et bien distincts, qu'à quelques pieds de sa jonction: les couches de ce granit parfait sont parallèles à toutes celles qui forment cette transition.

M. de Saussure, à cette occasion, observe, très-judicieusement, que ces jonctions de montagnes de différens ordres, sont intéressantes pour la théorie. Pour moi, j'y vois aussi un fait bien remarquable; c'est que les élémens du granit, mêlés à ceux du schiste, sont venus ensemble, et ont été appliqués, en même temps, contre la montagne, par la grande débâcle. Seroit-ce pousser la conséquence trop loin, que de dire que le granit parfait, contre lequel ces mélanges sont appuyés, a eu la même origine, puisque ses couches sont parallèles à celles du schiste?

La pierre calcaire forme seule la partie la plus basse de la montée qui conduit au col de Ferret ; mais plus haut, jusqu'au col, et même jusqu'aux chalets qui portent le même nom, du côté du Vallais, grès feuilletés, ardoises tendres, en grande décomposition, entremêlées de quartz à couches, tantôt épaisses, tantôt minces, sous mille formes différentes. On voit que ce col est de même nature que celui de la Seigne ; il est aussi, à-peu-près, de même hauteur, car il a 1195 toises au-dessus de la mer.

Entre le col et les chalets, il s'éboula, du haut de la montagne, en 1776, un grand rocher calcaire qui porta ses débris et ses ravages jusqu'à la Drance.

2°. Montagnes au S-E de l'Allée-Blanche.

§. 32. L'Allée-Blanche sépare la chaîne primitive des premières chaînes secondaires. Ce n'est pas qu'il n'y ait quelque mélange, que l'on ne trouve, par exemple, des ardoises et des calcaires au pied des primitives, comme l'on trouve, ici, d'autres primitives derrière la première ligne des secondaires ; mais, en général, les cimes, au N-O, sont granitiques, et, au S-E, elles sont calcaires ; ces dernières ont leurs escarpemens du côté du Mont-Blanc, et leurs cimes presque toujours aiguës.

La vallée, en descendant à Courmayeur, est composée de cailloux roulés et de sable : on y trouve aussi du gypse. Au-dessus de la source de la Saxe, il y a un rocher qui répond si précisément à un autre rocher de même nature, situé de l'autre côté de la vallée, qu'on ne peut douter qu'ils n'aient été anciennement unis par une montagne intermédiaire détruite par les ravages du temps, (plutôt, par la grande débâcle). Ces rochers sont composés d'une roche feuilletée quartz et mica, qui repose sur un schiste tendre et brillant, mêlé d'un sable fin quartzeux micacé, sous lequel on trouve un autre schiste argileux.

Voilà donc, remarque M. de Saussure (art. 881), des roches regardées comme primitives qui reposent sur un genre de pierre, unanimement regardé comme secondaire. Ces dénominations de primitives et de secondaires sont-elles fautives? ou bien, cette superposition monstrueuse de roches primitives sur les secondaires, seroit-elle l'effet d'un bouleversement? C'est, ajoute ce judicieux observateur, ce que je n'oserois point encore décider.

M. de Saussure se trouva aussi fort embarrassé, près du Grand-Saint-Bernard, pour expliquer des couches quartzeuses pyramidales et verticales séparées par des couches d'ardoises, et coupées à angle droit par d'autres couches quartzeuses entièrement semblables. Il pencha, d'abord, pour le renversement (§. 997.), mais (§. 1005), cet ordre de choses lui parut prouver ce qu'il avoit déjà avancé plus d'une fois ; savoir, que l'on s'étoit trop hâté de classer les différentes montagnes, et d'établir des limites précises entre les primitives et les secondaires ; qu'il paroissoit évident que la nature n'avoit pas pris ces divisions pour règle de ses opérations, et que si elle n'avoit pas édifié des montagnes de granit, proprement dit, sur des fondemens calcaires, au moins, avoit-elle fréquemment mêlé des roches calcaires et des schistes argileux avec des schistes quartzeux et micacés. (On peut ajouter que ce mélange n'a rien de surprenant, dans l'idée de la grande révolution qui a changé la surface de la terre). .

La montagne dite *le Cramont*, élevée de 1403 toises au-dessus de la mer, est à une lieue, N-E, de Courmayeur : elle est composée d'un marbre grossier calcaire, à gros grains, avec des veines blanches, des feuillets de mica, des veines et des infiltrations de quartz : elle est escarpée du côté du Mont-Blanc et du côté de Courmayeur : ses couches montent du côté de la chaîne primitive.

Dix autres chaînes plus basses, qui séparent le Cramont du Mont-Blanc, et, de plus, toute la ligne qui borde l'Allée-Blanche, au S-E, sont aussi escarpées contre le Mont-Blanc, et leurs couches montent du même côté.

Pour expliquer ce phénomène assez commun dans les montagnes de tout genre, M. de Saussure (art. 919), recourt à des agens aussi impuissans qu'incertains et arbitraires : il emploie le feu et d'autres fluides élastiques pour soulever et rompre l'écorce de la terre, et faire sortir ainsi la partie intérieure et primitive, tandis que les parties extérieures et secondaires seroient demeurées appuyées contre les couches intérieures : il est vrai qu'il avertit que des observations et des réflexions ultérieures avoient modifié ce premier germe de ses conjectures. Peut-être, d'autres réflexions l'auroient entièrement étouffé.

Car les couches des secondaires s'élèvent, ici, du côté du Mont-Blanc, il est vrai, mais elles ne sont pas appuyées contre lui : elles en sont même séparées, à une distance de quelques lieues. D'ailleurs ces agens violens qu'emploie ce grand physicien, n'auroient pas laissé une régularité aussi constante dans toutes les montagnes qui bordent l'Allée-Blanche au S-E, et dans toutes celles qui bordent d'autres vallées qui séparent des montagnes secondaires, des primitives. M. de Saussure en convient lui-même (art. 475), où il dit : *Des explosions souterraines rompent, déchirent et ne soulèvent pas avec le ména-*

gement qu'exigeroit la conservation de continuité de toutes ces parties.

Une idée plus simple, paroît expliquer ce phéno-mène, plus naturellement. Les montagnes calcaires, au S-E de l'Allée-Blanche et dans la même direction qu'elle, avoient des couches qui descendoient de chaque côté, comme on voit communément dans ce genre de montagnes : la grande débâcle, en creusant l'Allée-Blanche comme les autres vallées, a emporté la moitié de ces montagnes jusqu'au sommet et peut-être plus loin : ce qui reste est nécessairement es-carpé contre le Mont-Blanc, et les couches existantes montent encore du même côté, comme elles faisoient auparavant. On verra, ci-après, une autre explication, à-peu-près, semblable.

3°. *La vallée de Chamouni.*

§. 33. La vallée de Chamouni s'étend depuis la Forclaz-Saint-Gervais jusqu'au col de Balme, ce qui lui donne 7 à 8 lieues de longueur : elle est courbée en arc; mais sa direction moyenne est du S-O au N-E; son fond est horizontal, dans le milieu, pen-dant 2 à 3 lieues, élevé au-dessus de la mer de 516 toises, près de l'Arve, vis-à-vis le Prieuré.

On trouve, dans toute la vallée, beaucoup de gros blocs roulés du haut des montagnes qui la bordent, surtout une quantité immense de débris aux environs de la Chapelle, dite *les Tines* : il y en a aussi beaucoup au pied du glacier des bois : ces derniers ont mérité une attention particulière de la part de M. de Saussure. Voici ce qu'il en dit (art. 625). *Les blocs de pierre, dont est chargé ce glacier, invitent à une réflexion assez importante. Lorsqu'on considère leur nombre (sur ce glacier) et qu'on pense qu'ils se déposent et qu'ils s'accumulent à cette extrémité du (même) glacier, à mesure que ses glaces fondent, on est étonné qu'il n'y en ait pas des amas beaucoup plus considérables; et cette considération d'accord, en cela, avec beaucoup d'autres, donne lieu de croire, comme le fait M. de Luc, que l'état actuel de notre globe n'est pas aussi ancien que quelques philosophes l'ont imaginé.*

Un autre fait bien remarquable, ce sont les roches secondaires renfermées dans cette vallée. D'abord les deux cols, qui la terminent, sont composés d'ardoises et de pierres calcaires : avant d'arriver aux Ouches, gypse, pierres calcaires, ardoises appliquées contre le corps de la montagne : au bord du torrent de Taconay, gypse très-blanc; plus haut, pierre calcaire à chaux maigre, dont la plupart des couches sont un tuf poreux : vis-à-vis le Prieuré, de l'autre côté de l'Arve, pierre calcaire qui tient aussi de la nature du tuf, adossée à la montagne primitive : près d'Argentière et jusqu'au glacier de ce nom,

pierre calcaire appuyée contre le pied de la montagne, et du tuf au-dessus : près de la source de l'Arvieron, colline calcaire, la plus considérable de la
vallée, entièrement isolée dans le fond, et allongée
dans sa direction ; la pierre en est dure, compacte
et mêlée de sable quartzeux ; vis-à-vis cette colline,
à la droite de l'Arve, autre rocher calcaire isolé sur
le penchant de la montagne, à 5 ou 600 pieds au-
dessus de la rivière. Toutes ces roches secondaires
ne pénètrent pas dans le cœur des primitives.

M. de Saussure (art. 712), agite une question
fort intéressante, à l'occasion de ces rochers secondaires ; savoir, s'ils ont été formés avant ou après la
grande révolution qui a changé la surface de la terre.
Cet habile observateur croit les ardoises proprement
dites et les pierres calcaires bleuâtres et noirâtres
mêlées de mica ou de grains de quartz, fort anté-
rieures à cette révolution ; mais quant aux gypses et
aux pierres calcaires poreuses semblables à du tuf,
il seroit porté à les croire beaucoup plus modernes.

Mais les vallées ont été creusées, (non pas seulement la plupart comme dit M. de Saussure, au
même art. 712), mais *toutes* par la grande révolution, (ici, §. 175) excepté quelques ravins postérieurs à cette révolution. La vallée de Chamouni a
été creusée comme les autres : elle se trouve, à présent, entre deux chaînes de montagnes primitives ;

son fond est aussi primitif : seroit-ce exagération de dire que les matières qui la remplissoient, étoient de même nature ? Dans cet arrangement, comment expliqueroit-on l'existence de ces ardoises proprement dites, et de ces pierres calcaires répandues, par taches, dans le sein des primitives à 2000 toises de profondeur ? Ces matières secondaires ne sont donc que des débris des montagnes calcaires, déposés-là, par la grande révolution, après le creusage de la vallée. Il est même probable qu'il y en avoit beaucoup plus, et qu'une grande partie fut entraînée plus loin par les dernières eaux ; puisqu'on voit la colline, près de l'Arvieron, allongée et sillonnée dans la direction de leur courant.

LE BUET.

4°..... *Les montagnes au N-O de la vallée de Chamouni.*

§. 34. Le Buet, situé au N. quart N-O de Chamouni, est la plus haute montagne de cette chaîne : son sommet ressemble au faîte d'un toit un peu aplati, élevé de 1579 toises au-dessus de la mer, à 10907 toises de distance horizontale, de la cime du Mont-Blanc : les couches y sont à-peu-près horizontales : les autres couches plongent contre le dehors des Alpes et se relèvent contre la chaîne centrale, comme les calcaires au S-E de l'Allée-Blanche : il est coupé à pic, à grande profondeur, du côté du Mont-Blanc.

La nature du Buet est très-intéressante pour la géologie ; aussi M. de Saussure l'a-t-il examinée et décrite avec un très-grand soin. Je vais rapporter, en précis, ce qu'il en a dit, avec ses réflexions.

La base du Buet, du côté de la vallée de l'eau de Bérard ou du Trient, jusqu'au deux tiers de sa hauteur, est composée d'un granit veiné, parsemé de nœuds de quartz qui approchent de la forme d'une lentille, posés de plat entre les feuillets de la pierre et parallèlement à eux. Les couches paroissent d'abord fort en désordre : plus haut, une quantité immense de blocs énormes de ce même granit : ensuite, les roches en place.

Sur ces granits veinés, on trouve plusieurs toises d'une roche feuilletée, micacée et quartzeuse, mêlée d'argile : la même roche continue, sur l'épaisseur de 15 pieds, mais avec des nœuds de quartz aplatis, tranchans par leurs bords, et dont les bancs sont situés parallèlement à ceux des feuillets : ensuite, la même roche ; encore, sur huit pieds d'épaisseur, mais sans nœuds de quartz.

Sur ces couches, grès à gros grains, ou poudingue, d'un pied d'épaisseur, composé de fragmens de quartz, de feld-spath et de pyrites, qui fait cependant vive effervescence avec les acides : ensuite,

suite, grès plus fin et non effervescent, en cinq ou six couches de 12 à 15 pouces, chacune.

Viennent, après, des pierres calcaires : les premières sont remplies de veines mélangées de spath et de quartz : les suivantes sont composées de couches alternatives de pierres calcaires et d'un grès très-fin dont les grains sont liés par un suc calcaire.

Ces dernières sont surmontées par un banc très-épais d'une véritable ardoise mêlée d'un peu de mica, de fer et de pierre de corne, et traversée de filons ferrugineux avec des rognons très-durs, dont le cœur est ordinairement rempli de pyrites.

Enfin, la cime du Buet est une pierre calcaire feuilletée qui ressemble beaucoup à l'ardoise : elle contient quelques parties de pierre de corne et de fer, et quelques grains de quartz : ses bancs sont, à-peu-près, horizontaux vers le sommet ; mais à mesure que l'on descend, on les trouve plus inclinés. Voilà donc des grès et des poudingues déposés, par couches, entre des couches primitives et secondaires.

Ce n'est pas seulement sur le Buet que l'on trouve ce phénomène important : M. de Saussure l'a vu, en bien d'autres endroits dans les Alpes, dans les Vosges, dans les Cévènes, dans la Bourgogne, dans le Forêt, etc., et même entre des couches secondaires et tertiaires : et, de plus, des couches de grès, de brèches et de poudingues superposées aux couches solides des montagnes. M. l'abbé Fortis dit avoir vu de ces dernières sur presque toutes les montagnes de la Dalmatie. J'ai vu, aussi, le même phénomène, dans les Alpes, au-dessus de toutes les roches escarpées que j'ai citées ($. 11 et suiv.) : dans le Jura, où la plupart des hautes cimes sont composées ou de brêches, ou de grès calcaires, à grains ronds ou en forme de graviers, ou de pierres incohérentes, dont la ligne de séparation d'avec le gros de la montagne, est très-sensible.

Les chaînes plus basses, entre le Doubs et la Saône, sont aussi recouvertes des mêmes matières : dans la Bourgogne et la Champagne, c'est le même arrangement de matières superposées au gros des montagnes; et, de plus, aux environs de Dijon, jusqu'à la distance de quelques lieues, on voit très-souvent, sur les hauteurs, des carrières de pierres blanches, les unes à grains très-fins, les autres à grains plus gros et arrondis, quelquefois avec des coquillages : auprès de Langres, ce sont des débris de corps marins purs et sans mélange, qui recouvrent plusieurs sommets des montagnes.

J'ai réunis, ici, à l'occasion du Buet, ces faits que je donnerai ensuite plus en détail, pour dire que je regarde cette observation comme générale; savoir, que le gros ou le solide des montagnes est recouvert, ou de matières de différente nature qu'elles, ou de même nature, mais d'une texture toute différente.

Mais, comment cet arrangement s'est-il fait sur toute la surface de la terre? Voici ce qu'en pense M. de Saussure, pour le Buet, (art. 594) : *Le plus grossier des grès fut déposé sur la surface de la première roche primitive, et un grès moins grossier, déposé sur celui-ci : lorsque les couches calcaires commencèrent à se former, les eaux contenoient encore les parties les plus subtiles du sable qui, se déposant par intervalles, produisoient ces couches minces de grès qui se manifestent par des petites moulures blanches : enfin, la pierre qui forme la cime du Buet ne contient plus que quelques grains épars de ce même sable.*

Je suis bien de l'avis de ce profond géologue, pour les dépôts successifs : je l'avois déjà manifesté dans un mémoire lu à l'académie de Besançon, en 1786 ; mais quant à la cause qui auroit détaché ces matières, de différente nature, déposées alternativement, je me trouve un peu différent de lui. Il suppose, en effet (art. 595), que, pour chaque couche de matière différente, il y eut de grands changemens dans les causes génératrices des montagnes, qui furent précédées par des secousses du globe; que ces secousses réduisirent, en fragmens plus ou moins grossiers, différentes parties des montagnes qui existoient alors; et que ces fragmens furent ensuite dé-

posés par couches. Il ne dit pas seulement des secousses partielles, comme des tremblemens de terre,
mais des secousses du *globe* : il en auroit fallu, en
effet ; puisqu'il s'agit d'un fait généralement répandu
sur la surface de la terre. Quelle auroit donc été,
alors, la cause assez puissante pour produire ces secousses répétées tant de fois, et qui ne se répètent
plus ? c'est ce qu'on ne dit pas. Ces prétendues secousses générales sont donc absolument arbitraires
et nécessitées par le seul besoin de donner une explication quelconque.

Non, il n'y eut pas besoin de toutes ces secousses.
La grande débâcle suffit, alors, seule, pour faire tout
ce que nous voyons : il ne lui fallut que du temps,
et encore assez court, pour détacher, transporter
et déposer alternativement les matières qui composent ces couches de différente nature. D'ailleurs ces
secousses violentes et générales du *globe* n'auroient
pas laissé les noyaux des anciennes montagnes, dans
la régularité qu'on y voit encore à présent ; et ces
obélisques de 10 à 1200 toises, si fréquens dans les
montagnes, ne se seroient pas soutenus sur leurs
bases.

Le Bréven.

§. 35. Le Bréven est une montagne très-rapide qui
domine sur le Prieuré de Chamouni, du côté du N-O :

sa cime, élevée de 1306 toises au-dessus de la mer, est escarpée, à grande profondeur du côté du Mont-Blanc, et arrondie de tous les autres côtés.

En montant au Bréven, depuis Chamouni, on trouve, d'abord, pendant $\frac{3}{4}$ de lieue, des débris de rochers feuilletés, mélangés de quartz, de mica et de feld-spath, dans toutes les proportions imaginables. Aux environs du chalet de *Plianpa*, granits veinés, en place, mélangés de quartz, de feld-spath, de mica et de fer, à couches, à-peu-près, verticales : ces couches sont coupées par des fentes, à-peu-près, perpendiculaires à leurs plans, et par conséquent horizontales : les veines intérieures sont exactement parallèles aux couches, mais tantôt planes, tantôt ondées, quelquefois avec des nœuds, et toujours parallèles entr'elles : les écailles de mica sont posées, dans le même sens que les veines de la pierre. La cime du Bréven est entièrement couverte de blocs confusément entassés, à angles vifs et à faces planes, de même nature que la montagne.

M. de Saussure, qui a examiné tous ces détails, avec un très-grand soin, admire, surtout, l'extrême régularité des couches, d'où il conclud que ce sont de véritables couches ; mais (art. 643) il trouve beaucoup de difficulté à décider si ces couches ont été formées dans cette situation verticale, ou si, d'abord, horizontales, elles furent ensuite redressées. Quant à la première opinion, il lui paroît que les écailles incohérentes du mica auroient eu peine à venir s'attacher à des murs verticaux, et que le mouvement des eaux, clairement indiqué par le tissu feuilleté de la pierre, auroit dû les détacher et les faire tomber, à mesure qu'elles se formoient. Et, pour la seconde opinion, il faudroit, dit-il, expliquer *comment* ces bancs, d'abord horizontaux, ont pu se redresser, et pourquoi ce redressement a été si fréquent et si régulier.

Ces deux arrangemens seroient, en effet, extrêmement difficiles à comprendre, dans l'idée de la cristallisation; mais, ils n'ont eu lieu ni l'un ni l'autre. Les matières qui recouvrent, à présent, la surface de ces montagnes, ont été poussées contre, ou déposées sur les noyaux des précédentes, par la grande débâcle : les alternatives du mouvement des eaux, et ensuite le dessèchement et la retraite, les ont feuilletées à bancs plus ou moins épais, et plus ou moins inclinés, à proportion des inclinaisons des noyaux. C'est ainsi qu'on voit, souvent, des glaises, des marnes, et même de simples terres, d'abord continues, feuilletées ensuite, *verticalement*, à plusieurs feuillets successifs, par le dessèchement et la retraite.

Un autre fait qui parut, à M. de Saussure, très-difficile à expliquer, ce fut un très-grand bloc roulé du haut de la montagne, dont une face étoit de même espèce que celle du sommet, une autre face étoit une roche de corne, mêlée de schorl, en couches arquées et concentriques; une troisième face étoit une roche feuilletée granitoïde, mêlée de nœuds de quartz aplatis et parallèles aux couches : on voit aussi, en divers endroits de ce rocher, des veines et des nids de quartz blanc, ici, pur; là, mêlé de grands feuillets de mica.

Il seroit difficile, dit là-dessus M. de Saussure, de rendre raison de ce singulier assemblage, d'une manière satisfaisante et détaillée. (Mais ce qui est si difficile par la cristallisation, paroît très-facile par le mélange, le transport et le dépôt des débris de différentes montagnes).

Les Aiguilles Rouges.

§. 36. Les Aiguilles Rouges s'étendent depuis le Bréven jusqu'aux Montets, et depuis la vallée de Chamouni jusqu'à celle de l'eau de Bérard ou du Trient : elles sont plus élevées que le Bréven : on les appelle Aiguilles Rouges, à cause de la roche feuilletée rougeâtre dont elles sont composées : la partie N-O qui domine la vallée du Trient, est composée de granits veinés, parsemés de nœuds de quartz aplatis : on trouve à leur pied, vis-à-vis d'Argentière, des fragmens d'une roche de corne d'un rouge vineux, mélangée de lames blanches de mica, à feuillets plus minces que du papier, entre lesquels on voit des petits grains de quartz blanc et de feld-spath.

La sommité de la montagnes et les Aiguilles, même, sont un granit veiné, dont il y a des débris immenses jusqu'au Bréven.

Nature des Alpes, depuis le Saint-Gothard jusqu'au petit Saint-Bernard.

§. 37. *Nota*.... Dans ce canton et dans le suivant, je passai dans bien des endroits que M. de Saussure avoit parcourus avant moi : je recherchai avec soin, et j'examinai, avec attention, les objets qu'il avoit décrit dans ses voyages ; partout, je trouvai les faits annoncés avec un détail et une exactitude dignes d'un génie aussi éclairé et aussi étendu que celui de cet infatigable observateur.

Je serai dans le cas d'en citer beaucoup dans cet ouvrage : je ne crois pas cependant qu'on pourra m'accuser, avec justice, de l'avoir copié, puisque je les ai observés moi-même conformément aux vues de mon plan.

Quant à d'autres endroits que M. de Saussure a parcourus, et que je n'ai pas vus, j'aurai soin de les donner sous son nom, quand j'en ferai usage.

J'en ai vus aussi beaucoup où il n'a pas été, et où

j'ai fait des observations intéressantes que je rap‑
porterai en leurs lieux.

Depuis Lucerne au Lac‑Majeur, par le Saint‑Gothard.

De Lucerne à Am‑Staeg.

§. 38. On peut aller de *Lucerne* à *Brunnen*, vil‑
lage qui est le port de Schwitz, par le lac ou par
terre. En suivant ce dernier chemin, je trouvai beau‑
coup de gros blocs de granit, surtout entre Lucerne
et Art, et quantité de poudingues à cailloux arron‑
dis et en blocs isolés, qui viennent des montagnes
qu'on laisse sur la droite. Des poudingues, de même
nature, forment aussi des monticules et même des
petites chaînes élevées de 6 à 700 pieds au‑dessus
du lac de Lucerne : il paroît que ce sont des restes
de plus grandes montagnes qui s'étendoient plus loin
du côté des plaines. Les poudingues continuent même
plus loin que Schwitz : je les suivis au N‑E de cette
ville, pendant deux à trois lieues. Les grès sont aussi
très‑communs dans tous ces endroits.

M. de Saussure, en passant par le lac, trouva
presque toute la chaîne des mêmes montagnes com‑
posées aussi, de ce côté‑là, de grès et de poudingues;
mais la plus remarquable, c'est le *Rigi‑Berg* : « Ses
» couches sont entièrement composées de cailloux
» roulés et arrondis; et, tous, sont des pierres se‑

» condaires; savoir, calcaires compactes de couleur
» grise, grès, pétrosilex secondaires, fragmens de
» poudingues plus anciens composés de cailloux
» roulés plus petits, et solidement assemblés; et en-
» fin, des pierres rougeâtres, tendres, argileuses,
» que les eaux pluviales délayent, et dont le détri-
» tus teint toute cette montagne et la surface des
» pierres, de la couleur violette ou rougeâtre que
» l'on remarque à l'extérieur : le gluten, qui lie ces
» pierres entr'elles, est de nature calcaire ».

Ces couches montent contre le couchant, sous
un angle de 15 à 20 degrés : il y en a qui ont 50
à 60 pieds d'épaisseur : leur nature, leur couleur,
leur épaisseur et leur inclinaison sont les mêmes,
depuis le pied de la montagne jusqu'à sa cime, élevée de 742 toises au-dessus du lac. M. de Saussure
croit, très-probablement, que cette quantité prodigieuse de cailloux vient de la vallée de *Muttenthal*,
qui est à l'Est, et toute entourée de montagnes secondaires; ce qui est d'autant plus probable, que les
couches montent contre l'Ouest côté opposé à cette
vallée.

§. 39. Depuis *Brunnen* à *Am-Staeg*, les montagnes de chaque côté du lac et sur la gauche de la
plaine, sont d'une pierre calcaire compacte, sans
corps marins, mais à couches fort irrégulières et
différentes entr'elles, surtout en approchant d'Am-

Staeg : on voit, près de cette ville, un autre arrangement assez singulier; le vitrifiable continue en s'abaissant, pendant environ une lieue, du côté d'Altorf; et le calcaire le recouvre en s'élevant jusqu'à la sommité des montagnes d'Am-Staeg.

A la vue des grandes irrégularités de toutes ces couches, M. de Saussure dit, (art. 1881), qu'il faut que la montagne ait été, pour ainsi dire, froissée par des secousses violentes, et qui agissoient en différent sens. (Mais les eaux de la grande débâcle, poussées violemment dans le fond de la vallée, et renvoyées par les montagnes, ont pu causer tout ce désordre dans le dépôt des matières qu'elles transportoient, sans avoir besoin de recourir à des secousses violentes).

Am-Staeg n'est élevé que de 43 toises au-dessus du lac de Lucerne, quoiqu'il en soit éloigné de quatre lieues; de manière que toute la plaine, entre les deux, est presque de niveau avec le lac; et, comme cette plaine est fort marécageuse, il y a bien de l'apparence que ce lac s'étendoit, autrefois, jusqu'à Am-Staeg, et que les lacs de Zug et des environs n'en faisoient qu'un avec celui de Lucerne.

De Am-Staeg à la vallée d'Urseren.

§. 40. On commence à monter depuis Am-Staeg, et on monte ensuite continuellement jusqu'à l'hospice du Saint-Gothard, pendant sept à huit lieues. Dans les commencemens de la montée, et jusqu'à Gestinen, on trouve des gneiss en alternative avec des granits veinés, et une grande variation dans les couches qui deviennent quelquefois confuses. Plus haut, jusqu'au *Pont du Diable*, la variation est encore plus grande dans les granits et dans leurs couches : d'abord, les granits feuilletés, dans le bas, se réunissent en masse plus haut; ensuite, ils sont en masses irrégulières; et puis, en masses à tranches verticales; enfin, granits veinés et roches argileuses micacées fort tendres, à couches verticales.

En passant à Gestinen, on laisse, à droite, la vallée *de Teschener*, de trois lieues de long, au fond de laquelle, sur la gauche, on trouve la fameuse grotte de cristaux de *Sand-Balm*.

Je n'y allai pas; mais voici ce qu'en dit M. de Saussure, (art. 1866 et suiv.) La galerie est creusée dans un filon de quartz qui paroît à la surface d'un rocher de granit. Les excavations s'étendent fort loin, et ont donné une grande quantité de cristal. On y trouve aussi, 1°. des filons ou de grands amas de spath calcaire de trois à quatre pieds d'épaisseur, adhérens au rocher de granit, ou renfermés dans du quartz blanc (1).

______

(1) *Nota....* Il n'y a point de montagnes calcaires. ni au-dessus de la grotte ni aux environs. D'où vient donc

2°. Des veines de granit, en masse, entreposées entre des bancs de quartz pur, tantôt suivies et parallèles entr'elles, tantôt obliques et brusquement terminées, et quelquefois si minces qu'il est impossible que le quartz ait été formé postérieurement au granit. 3°. Une terre verte ou *chlorite*, mêlée de grains blancs, les uns de quartz, les autres de spath calcaire. 4°. Un schorl verd parfaitement mêlé avec du quartz et du feld-spath, comme si ce schorl, sous une forme liquide, s'étoit infiltré dans les interstices infiniment petits de ce quartz et de ce feld-spath.

Le granit de l'intérieur de cette montagne est composé de gros grains de feld-spath blanchâtre, de quartz gris et de mica verdâtre : il paroît divisé en couches, à-peu-près, verticales. Les filons de quartz d'où l'on a tiré du cristal, et les autres fissures qui lui sont, à-peu-près, parallèles, coupent ces couches presqu'à angles droits. Ces fissures, dit M. de Saussure, ont donc été formées et remplies dans le temps où les couches de granit étoient encore dans une situation horizontale (1).

---

cette grande quantité de spath calcaire ? Sans doute il a été transporté et mêlé avec les autres matières.

(1) M. de Saussure revient toujours à des renversemens, à des affaissemens, à des soulevemens de montagnes, pour expliquer les couches verticales traversées par des fissures horizontales. J'y ai déjà répondu plusieurs fois. Lui-même,

Le Pont du Diable est construit sur la Reuss, entre des rochers escarpés verticalement, à la hauteur, au moins, de 300 toises ; et, si on comparoit cette échancrure avec les montagnes voisines qu'elle sépare, on lui trouveroit environ 800 toises de profondeur. Sans doute, c'est l'ouvrage de la grande révolution ; mais elle ne fut pas formée, tout de suite, dans toute sa profondeur : le passage demeura fermé pendant quelque temps, au moins, à une certaine hauteur ; en effet, le fond marécageux et presqu'horizontal de la vallée d'Urseren, sur deux lieues de longueur, paroît avoir été un lac. C'est aussi l'opinion de M. de Saussure.

Vallée d'Urseren, avec les sources du Rhin et celles du Rhône, qui sont à ses extrémités.

§. 41. La vallée d'Urseren commence près du Pont du Diable. Après un quart de lieue, on entre dans un passage souterrain nommé *Urner-Loch* ou *Trou-d'Uri*, taillé, pour les voyageurs, dans un rocher de granit veiné, sur la longueur d'environ 200 pieds, à cause que la rivière remplit tout le passage étroit qu'elle s'est creusé au pied de ce rocher. Un quart de lieue après Urner-Loch, on arrive à *Urse-*

---

en plusieurs endroits, regarde ces moyens violens comme inconciliables avec la régularité des couches.

ren, ou *Andermatt* ou *ad Pratum*, *Pré* ou *au Pré*, qui est le chef-lieu de la vallée, 757 toises au-dessus de la mer, de niveau (chose remarquable), avec la plus haute plaine du Vallais, où Munster est à 736 toises:

Comme on trouve beaucoup de vallées qui ont été des lacs, et qui ont la même forme que celle d'Urseren, je vais faire la description de celle-ci. Elle est en droite ligne, de l'E. N-E à l'O. S-O, depuis l'extrémité orientale du lac d'Oberalp jusqu'à la sommité de la Fourche, sur la longueur de 7 à 8 lieues : son fond est horizontal, comme je viens de le dire: elle se relève, ensuite, de 400 toises de chaque côté, en montant vers ses extrémités : elle a, au moins, une lieue de largeur, dans le fond; mais les montagnes, qui la bordent, étant inclinées en dehors de la vallée, elle a environ trois lieues de large dans son milieu, près de leurs sommités : ces montagnes se resserrent toujours, en approchant des extrémités de la vallée ; ce qui lui donne la figure d'une navette.

§. 42. En approchant d'Ander-Matt, les granits veinés se changent en gneiss : ensuite, sur les bords du torrent où est situé ce village, schistes argileux, schistes micacés, gneiss entremêlés à couches verticales avec des fissures perpendiculaires aux couches; ce qui continue, au moins, pendant trois quarts de lieue, en montant la vallée d'Oberalp : cette dernière vallée est très-étroite, couverte de pâturages, mais sans arbres ; c'est une continuation et une dépendance de celle d'Urseren.

A cinq quarts de lieue, depuis l'entrée de la vallée d'Oberalp, on trouve un lac de même nom, qui occupe toute la largeur de la vallée, et qui n'a guère qu'un quart de lieue de longueur. La vallée est fermée, à l'Est, par un grouppe de montagnes qui porte le nom de *Crispalt*, et dont la cime la plus haute s'appelle *Badur*; mais, au Sud, vis-à-vis l'extrémité orientale du lac, il s'ouvre une vallée qui descend à *Disentis* dans les Grisons : le haut du col est à 1029 toises au-dessus de la mer. Les sources d'un des bras du Rhin sont dans les montagnes qui bordent le haut de la vallée qui descend aux Grisons : plusieurs filets d'eau se réunissent au bord de la montagne, et forment un torrent que l'on nomme *Vorder-Rhein*, en allemand, et *Bas-Rhin* ou *Rhin-Inférieur*, en françois : ce torrent se joint avec un autre qui se nomme le *Rhin du Milieu*, qui vient de la vallée de *Medelo*, attenante aussi au Saint-Gothard : ces deux torrens réunis en reçoivent un troisième du *Mont-Avicula*, et qui s'appelle, en françois, le *Haut-Rhin*, et, en allemand, *Hinder-Rhein*.

Les montagnes, au midi de l'extrémité orientale du lac d'Oberalp, sont des schistes qui tombent en décomposition,

décomposition, et dont les couches ne sont pas bien distinctes; mais les montagnes opposées au N-E du lac, et qui forment la base du crispalt, ont une structure très-décidée : ce sont de gneiss à grains plus ou moins gros, et à couches verticales.

Je n'allai pas aux sources du Rhin ; ce que je viens d'en dire est de M. de Saussure.

Les montagnes qui bordent la vallée d'Urseren, des deux côtés, sont de granit ; mais un fait remarquable, qui n'a pas échappé à M. de Saussure, ni à M. Besson, c'est que le pied de la chaîne septentrionale est recouvert de calcaire ou de schistes argileux, jusqu'à une grande hauteur : j'en trouvai encore à un quart de lieue de la sommité de la Fourche ; et on n'y trouve point de pierres ollaires. Le pied de la chaîne méridionale, au contraire, est recouvert de pierres ollaires, et il n'y a point de calcaires.

Un autre fait, qui mérite aussi attention, en géologie, c'est que les plus hautes cimes des montagnes qui composent l'enceinte du Saint-Gothard, ne sont pas dans la chaîne centrale des Alpes, mais dans la chaîne septentrionale de la vallée d'Urseren. J'avois déjà remarqué un fait semblable dans les Vosges : la plus haute cime de ces dernières montagnes, le *Balon de Sultz* ou *de Murbach* n'est pas dans la chaîne centrale, mais à trois ou quatre lieues à l'Est.

E

§. 43. La Fourche est un col qui sépare la vallée d'Urseren des terres du Vallais, à 1287 toises au-dessus de la mer. Au milieu de ce col il y a un monticule allongé, composé de débris de schiste, en petits morceaux. On trouve de la pierre à chaux au-dessus des montagnes qui bordent ce col. On voit, dans celle du Sud, une échancrure qui se dirige *directement* à la grande vallée du Vallais, et qui semble dire que les grandes eaux avoient travaillé à creuser cette montagne; mais, qu'étant trop dure, dans cet endroit, elles la tournèrent du côté du Nord, où elles trouvèrent moins de résistance.

Depuis la Fourche on descend, très-rapidement, aux sources du Rhône. Après un quart de lieue de descente, on trouve des pierres calcaires, à même hauteur que du côté de la vallée d'Urseren. Dans la descente et au bas du glacier, de chaque côté de la petite plaine, on trouve plusieurs sources : les auteurs sont partagé sur la question de savoir à laquelle de ces eaux on doit donner le nom de *Source du Rhône*. M. de Saussure se détermine en faveur des sources qui sont au pied de la montagne de Saas, au Nord de la plaine : on peut en voir les raisons dans ses voyages, (art. 1719 et suiv.).

M. de Saussure donne à ces sources 900 toises au-dessus de la Méditerranée : j'en trouvai 943 au pied du glacier, qui n'est guère plus haut que ces

sources : je suis surpris de cette différence, d'autant
plus que, partout ailleurs, je me suis rencontré, à
quelques toises près, avec cet habile observateur;
mais, ici, 43 toises, c'est trop. Peut-être cette différence viendroit-elle de la règle de M. de Luc, dont
M. de Saussure se servoit assez souvent, et qui est
toujours trop foible.

Une observation plus essentielle, ce sont trois en-
ceintes de cailloux, ou trois *Moraines*, déposées en
avant du glacier, qui marquent les limites qu'il avoit
atteintes autrefois, et, en même temps, qu'il a ré-
trogradé à trois différentes époques. M. Besson mesura leurs distances au glacier : l'une en étoit à 34
toises, la seconde à 85, et la troisième à 120.

§. 44. Pour continuer la route du Saint-Gothard,
il faut retourner au village de l'Hôpital (1), vallée
d'Urseren. Depuis ce village, on monte, pendant une
demi-lieue, en serpentant entre des roches feuilletées, verticales, avec des nœuds de quartz : ces ro-

----

(1) On a dit que ce village étoit le pays habité le plus
élevé de l'Europe : il s'en faut beaucoup, car il n'a que
761 toises au-dessus de la mer; et, sans parler des hos-
pices, le Bourg-Saint-Pierre, en montant au Grand-
Saint-Bernard, en a 793; Saace, village sur la branche
orientale de la Wisp, 803; Phé, près de la source de
cette rivière, 924; Zermatt ou Prabone, près de la source
occidentale de la même rivière, 830.

ches paroissent avoir été coupées par des grandes
eaux, dans le temps qu'elles formoient la digue d'un
lac ; en effet, au-dessus de cette montée, les montagnes s'élargissent, surtout sur la droite, et on
trouve une belle plaine de trois quarts de lieue, qui
paroît le fond d'un ancien lac. De chaque côté de
cette plaine, les granits, qui composent les montagnes, sont en grande décomposition, sans ordre et
en confusion : il s'est même fait, depuis peu, un
éboulement considérable dans la montagne à droite
de la Reuss.

Après cette plaine, les montagnes se resserrent,
et on monte entre des granits veinés coupés à pic,
après lesquels on trouve une seconde plaine : il y en
a même deux autres au-dessus de celle-ci, et toutes
paroissent avoir été des fonds de lacs : enfin, la dernière montée se fait sur des roches micacées quartzeuses.

On arrive, ensuite, au haut du col, où il y a une
plaine inégale et hérissée de plusieurs rochers de
granit, en place, et de plusieurs blocs isolés, tombés des montagnes voisines : cette plaine a une petite lieue de longueur sur une demi-lieue de largeur :
on y trouve un hospice où les voyageurs sont très-
bien reçus et bien soignés par les RR. pères capu-
cins, mes confrères.

Nous avons plusieurs résultats bien différens entre

eux, pour la hauteur de cet hospice au-dessus de la mer. M. de Saussure lui donne 1065 toises.

En 1787, par des moyennes entre trente-huit observations simultanées, faites à Genève et à l'hospice du Saint-Gothard, je trouvai 905 toises pour la hauteur de l'hospice au-dessus du lac de Genève; en ajoutant 194 toises, qui sont la hauteur de ce lac au-dessus de la mer (1), on a 1099 toises pour la hauteur de l'hospice au-dessus de la mer, 34 toises plus que M. de Saussure; mais il faut faire attention que, dans mes calculs, j'ai suivi la règle de M. Roi et M. de Saussure, celle de M. de Luc, qui donne 27 toises de moins : d'ailleurs, M. de Saussure suppose, avec M. de Luc, le lac de Genève 188 toises au-dessus de la mer, au lieu que je lui en donne 194, après les données de M. de Luc, calculées selon la règle de M. Roi; en sorte que si nous avions suivi la même règle, nous n'aurions qu'une toise de différence. Il paroît qu'on peut s'en tenir là pour la hauteur de cet hospice.

Aux environs de l'hospice, il y a cinq petits lacs; et il paroît qu'il a été un temps où toute la plaine n'en formoit qu'un. Quatre de ces lacs sont considé-

---

(1) En calculant les données de M. de Luc, selon la règle de M. Roi.

rés comme les sources du Tesin, et l'autre comme la source de la Reuss. Quelques auteurs cependant prétendent que la vraie source du *Tesin* vient de la montagne dite *Fieut* ou *Fieudo*, d'où il tombe un petit torrent : et M. de Saussure croit que la principale source de la *Reuss* c'est le lac de *Lucendro*, qui est dans les montagnes, à trois quarts de lieue N-O de l'hospice. Ce dernier lac est étroit, long, serré entre des rochers élevés et escarpés, et terminé par une petite plaine : les débris des montagnes voisines travaillent continuellement à le combler : et, puisqu'il existe encore, il faut, nécessairement, selon la belle remarque de M. de Saussure, qu'il n'existe pas depuis des milliers d'années.

Le col ou passage du Saint-Gothard est dominé par deux cimes élevées de 320 toises au-dessus de l'hospice ; l'une, à l'Ouest, *Fieüt* ou *Fieudo* ; l'autre, à l'Est, qu'on appelle la *Prose, Prosa*. Ces montagues, *de niveau*, entr'elles, composées de vrai granit, en place, sont recouvertes de gros blocs de granit de même nature, détachés, délités sur place, et entassés jusqu'au sommet, et dont les angles sont vifs et les surfaces planes. Ce fait mérite attention.

§. 45. A la sortie de la plaine de l'hospice, du côté de l'Italie, granits, à grains fins, réguliers ; en descendant les grains deviennent plus gros, et la structure est plus confuse ; un peu plus bas, granits en masse, avec de grandes irrégularités; plus bas encore, granits veinés réguliers : toutes ces variations se trouvent dans l'espace d'un quart de lieue. A une petite lieue de l'hospice, sur le revers de la montagne de *Tremola*, couches mêlées de hornblende en alternatives avec des couches de roches micacées quartzeuses, à feuillets minces et avec des nœuds de quartz.

Pendant trois quarts de lieue, avant que d'arriver à Ayrolo, très-belles couches de roches, à fond de feld-spath en grains blancs et durs, qui renferment des cristaux alongés et irréguliers de hornblende noire, sous la forme de gerbes ou de faisceaux de rayons de deux ou trois pouces de longueur et divergens en sens opposé, parallèles aux plans des couches minces, mais obliques, et même quelquefois perpendiculaires aux couches plus épaisses, avec des grenats.

A un quart de lieue, au-dessus d'Ayrolo, en montant aux pâturages de l'Alp de *Scipsius*, rochers de hornblende noire, à lames irrégulieres, striées suivant leur longueur, mélangées de mica et se croisant en tout sens, renfermées dans du feld-spath, qui tantôt domine la hornblende, tantôt en est dominé; le tout à couches confuses et avec des grenats : un peu plus haut, gneiss noir très-fins : après une heure et demie de montée, grande variété de roches schisteuses.

'Au midi d'Ayrolo, rocher calcaire mêlé de mica, appuyé contre la montagne de *Pisciumo,* composée d'une roche micacée quartzeuse : à un quart de lieue de ce village, le Tesin traverse des rochers par un défilé fort étroit, et peu après les montagnes se resserrent et forme un étranglement.

Depuis Ayrolo et pendant deux lieues, les rochers sont d'un schiste micacé quartzeux presque toujours mêlé de calcaire grenu, en couches, le plus souvent, tortueuses, ondées, repliées en zigzag et la plupart verticales.

Aux environs du Péage, granits veinés à couches horizontales et ensuite en zigzag; avant Faïdo les rochers sont en décomposition, éboulés, et recouverts de terre; on voit que leur situation primitive a subi de grands changemens : près de ce dernier village, schiste micacé quartzeux à feuillets très-minces, entremêlé avec des feuillets plus épais de gneiss. La montagne opposée, de l'autre côté du Tesin, paroît de même nature. Une lieue plus bas recommencent les granits veinés : on en trouve aussi depuis Polegio jusqu'à Usogna et Cresciano, à couches souvent interrompues par des affaissemens et des ruptures : ensuite pendant deux lieues, la structure des montagnes n'est pas bien prononcée : Près de Bellinzona, rochers schisteux à couches verticales, et plus bas, roches dures granitoïdes, jusqu'aux environs de Cugnasco, à deux lieues du lac Majeur. Pour arriver à ce lac, on traverse des prairies horizontales d'une grande étendue qui, sûrement, ont été anciennement couvertes par le lac qui commence ainsi, comme presque tous les autres, à se combler du côté de sa source : depuis l'extrémité du lac jusqu'à *Locarno* on trouve deux ou trois fois des rochers quartzeux micacés semblables à ceux de la rive opposée du lac.

Du lac de Thun aux îles Borromées par le Grimsel, le Griès, Formazza et Duomo-d'Ossola.

Nota... Cet article est, en entier, de M. de Saussure.

§. 46. Le lac de Thun a 4 à 5 lieues de longueur, sur une petite lieue dans sa plus grande largeur. Sa direction est du N-O au S-E. Sa hauteur au-dessus de la mer 296 toises. Le lac de Brients en est séparé par une plaine d'environ une lieue. Ce dernier n'a que trois lieues de longueur et une de largeur ; il est dirigé du N-E au S-O. Les montagnes, qui bordent ces lacs, sont calcaires, et leurs escarpemens sont relevés contre les lacs.

Dans le Grindelvard, des couches de montagnes calcaires, d'abord horizontales, se relèvent contre les primitives, en s'en approchant ; et les primitives ont aussi, réciproquement, leurs couches relevées

contre les calcaires. M. de Saussure, (art. 1677),
appelle cela un bel exemple des refoulemens qu'il
regarde comme la cause générale du redressement
des couches originairement horizontales. (Pour moi,
je n'y vois que des escarpemens formés par les eaux
de la débâcle qui ont creusé ces vallées).

Aux environs de Hof, petit hameau à 3 lieues $\frac{1}{2}$
du lac de Thun, finissent les calcaires; de là jusqu'à
Guttannen, pendant trois lieues ce sont des gneiss;
et les granits en masse leur succèdent.

Les deux chaînes qui bordent la vallée de l'Aar,
par laquelle on monte au Grimsel, sont composées
d'une suite de petites montagnes, en forme de pain
de sucre, réunies par leurs bases, mais séparées par
leurs cimes. M. de Saussure croit que ces petites
montagnes ont été anciennement unies, mais que les
injures de l'air et les eaux les ont séparées. (Oui, les
eaux de la grande révolution).

A une lieue et demie de Guttannen, sur la rive
gauche de l'Aar, grandes tables peu inclinées, posées
en retraite les unes sur les autres, comme d'immenses
gradins qu'on peut regarder comme des couches; et
au-dessus, dans le même rocher, on voit des feuillets
minces presque verticaux, parfaitement caractérisés.
On trouve des tables semblables au *Zinckenstock*,
avec cette différence que les feuillets minces à couches verticales sont au-dessous de ces dernières tables.

M. de Saussure, (art. 1706), dit que ces tables horizontales sont des couches qui ont conservé leur position orginaire, ou qui, après avoir été redressées, ont été renversées de nouveau. (Voilà comment on fait jouer les montagnes, pour les arranger à un système : on les redresse, on les renverse de nouveau, comme un ballot de draps bien lié, sans déranger l'ensemble des matières, et en y conservant des verticales au-dessus et au-dessous des horizontales. J'avoue que cela seroit bien admirable ; mais je n'en crois rien, d'autant moins qu'il faudroit que les trois quarts des montagnes eussent été renversées).

Le glacier de *Lauteraar*, ou source inférieure de l'Aar, est recouvert d'une immensité de fragmens de pierres de toute espèce, granits en masse, granits veinés, gneiss, granitelle, etc. : on voit, dans ce dernier, des couches, ici, droites ; là, en zigzag ; là, interrompues par des nœuds ou des rognons. En 1780, il y eut, aux environs, une avalanche de blocs énormes de granit, qui s'écroulèrent tous ensemble.

En retournant à l'hospice, on marche, pendant deux heures, sur des entassemens de gros blocs de granit détachés des montagnes voisines : et c'est-là que se terminent les granits.

§. 47. *Le Spital*, ou l'hospice du Grimsel, est encore à une lieue du sommet du passage, et à 958 toises au-dessus de la mer. Ce sommet, qui est proprement *le Grimsel*, est à 1118 toises : il est composé d'une roche feuilletée granitoïde, ensuite on trouve du gneiss, et, plus bas, ardoises ou schistes argileux jusqu'à *Obergestlen*, village du dixain du haut couché, près du Rhône, 3 lieues du Spital, 682 toises au-dessus de la mer.

D'Obergestlen on passe à la rive gauche du Rhône, et on entre dans la vallée *d'Eginen* : après une demi-lieue, on trouve une carrière de pierre ollaire grossièrement et irrégulièrement feuilletée et à couches extrêmement ondées, adhérentes à des couches de talc schisteux : toutes ces couches alternent avec des couches de vrai gneiss. On fait un grand usage, en Vallais, de la pierre ollaire, sous le nom de *gilstein*, pour les poëles et même pour l'architecture.

A un quart de lieue de la carrière, dans un roc de gneiss, un nœud superbe de schorl, de forme ovale de huit pouces, dans un sens, sur quatre de l'autre, avec une croûte de mica pur en grandes lames, d'environ un demi pouce d'épaisseur ; le tout exactement enveloppé par les feuillets de gneiss, qui se plioient autour de lui. Exemple bien remarquable, dit M. de Saussure, d'une cristallisation régulière, opérée simultanément à la formation d'une roche schisteuse à feuillets très-minces. (Pour moi, je n'y vois qu'un caillou roulé, et déposé parmi les débris de la grande revolution qui l'enveloppent). Quand même il seroit vrai que les montagnes auroient été formées originairement par cristallisation, ce ne seroit pas à la surface actuelle de la terre qu'il faudroit en chercher des exemples. Cette surface n'est plus originaire : elle a été entièrement bouleversée.

A une demi-lieue de la carrière, commencent les vrais granits veinés ; ils continuent pendant une lieue ; dans ce trajet, ils deviennent confus et ensuite réguliers. On trouve ensuite un glacier flanqué de deux hautes cimes pyramidales : en montant par le pied de la pyramide, à gauche, on voit un schiste micacé mêlé de parties quartzeuses et de parties calcaires ; et, vers le haut, du schiste noir grenatique, et aussi des fragmens de granit secondaire, c'est-à-dire, où le spath calcaire occupe la place du feld-spath. Au pied des rochers pyramidaux, il y a aussi des gneiss ; les uns comme un schiste noir à fond de mica et à feuillets très-fins, avec des grenats et des nœuds blancs et alongés de quartz grenu mêlé de quelques grains de feld-spath ; les autres, avec des nœuds de mica cristallisé, ici, clair-semés ; là, très-rapprochés, ou avec des cristaux alongés de feld-spath.

Le haut du col du Griès est à 1223 toises au-dessus de la mer ; il fait la séparation entre le Vallais et l'Italie : en descendant du côté de l'Italie, on trouve des ardoises ou schistes argileux, avec des

nœuds de quartz , de spath calcaires et autres mélanges ; mais point de rochers granitiques. On traverse, ensuite, des schistes micacés quartzeux , des
gneiss grenatiques semblables à ceux de l'autre face
de la montagne , puis des couches calcaires, en appui contre la montagne du Griès.

Environ trois lieues du col , la Toccia se précipitant d'une hauteur de 5 à 600 pieds, forme une très-
belle cascade, dite en allemand, *Under-Fruth* , et en
italien *Frua* : ici, commencent les granits veinés. A
une lieue et demie de la cascade , on trouve le principal village de la Vallée , nommé, en italien, *Al-*
Ponte , ou *Formazza* , et en allemand, *Zum-Stack*
ou *Pomat* : ce dernier village est à 648 toises au-
dessus de la mer , presque de niveau avec Obergestlen. On met environ huit heures pour aller d'un de
ces villages à l'autre , quand il n'y a point d'accident
qui retarde la marche.

Les granits veinés continuent jusqu'à *Pié-de-Late,*
quatre lieues plus bas que Formazza ; les uns d'une
structure difficile à démêler, avec de grandes exfo-
liations verticales , ondées et absolument irrégulières ; d'autres à couches horizontales avec des cré-
vasses qui coupent ces couches ou perpendiculairement ou obliquement. Dans le fond de la vallée ,
entre Formazza et Fundavelle , carrière de pierre à
chaux mêlée de mica , appliquée contre le flanc de

la montagne de granit. (Comme dans la vallée de Chamouni.)

Les roches grenatiques succèdent aux granits veinés et continuent pendant deux lieues; et, alors, les granits veinés recommencent, et, après une lieue et demie, ils finissent par des couches à formes arquées.

§. 48. La vallée de Formazza finit près d'un pont, une demi-lieue avant *Crodo* : elle prend alors le nom d'*Antigonio*; et, deux lieues après, elle s'élargit considérablement. On arrive ensuite, dans deux heures, à *Duomo - d'Ossola* petite ville, capitale de l'*Ossola*, 157 toises au-dessus de la mer, sept à huit lieues de Formazza, et trois lieues et $\frac{1}{2}$ de Crodo.

A deux lieues et $\frac{1}{4}$ de Duomo, on trouve *Ugogna* petite ville bâtie au pied d'un rocher de gneiss qui se divise en grandes dalles minces, dont on se sert pour couvrir les maisons et pour des piliers qui soutiennent les treilles.

Deux lieues après et $\frac{1}{2}$ lieue avant Mergozzo, carrières d'un beau marbre salin, à gros grains blancs, avec quelques veines d'un gris noirâtre, et qui renferme du sable quartzeux à gros grains, arrondis, mêlés de pyrites et de hornblende. M. de Saussure dit que ce marbre est primitif à cause de son grain et de sa situation entre des rochers primitifs. (Je le croirois plutôt un dépôt de la grande révolution, comme il s'en trouve au bas de toutes les grandes vallées ; et d'autant plus qu'il est mêlé de plusieurs autres matières, et que ses grains sont arrondis.)

Vis-à-vis le lac de Mergozzo, et de chaque côté de la Toccia, deux montagnes à granit en masse ; il y en a aussi sur les bords du lac Majeur, à couches verticales. (Voilà donc encore des granits en masse relegués près des plaines ; tandis que la cime du Griès et les hautes montagnes du val Formazza sont du gneiss ou du granit veiné ; d'où M. de Saussure conclud que ces derniers n'ont pas été formés des débris du granit en masse ; mais n'y avoit-il pas, avant leur formation et la grande débâcle, d'autres granits en masse plus élevés que le Griès, comme il y en a encore au Saint-Gothard et dans les environs ?)

De Formazza à Lucarno, par la Furca del Bosco.

§. 49. Le passage de la Furca del Bosco, est d'environ neuf lieues, quatre de Formazza à la Fourche, et cinq en descendant de la Fourche à Cerentino. Au commencement de la montée, granits veinés à couches horizontales, avec des filons blancs parallèles aux couches. Deux lieues après, mélange étonnant et variation dans les rochers : ce sont des roches feuilletées, d'abord, granits veinés, à grains plus petits que dans le bas, ce grain diminue encore graduellement : le feld-spath, qui disparoît peu-à-peu, est

remplacé

remplacé par des glandes quartzeuses, et ensuite par la hornblende : enfin, ce ne sont plus que des roches micacées, mêlées de hornblende et de rayonnante, qui dominent alternativement : entre les couches de ces dernières, sont interposées des roches micacées quartzeuses, mêlées de gros grenats qui dominent vers le haut, et jusqu'à la cime la plus élevée, à gauche du passage.

Le col de Bosco est à 1202 toises au-dessus de la mer. En descendant du côté de l'Italie, roches feuilletées, en grande décomposition, et ensuite rochers variés par différens mélanges de mica, de quartz, de hornblende et de rayonnante. Bosco est le premier village que l'on trouve dans la vallée de ce nom ; depuis là, et, pendant deux à trois lieues, on trouve des gneiss et des roches micacées mêlées, ici, de quartz ; là, de hornblende. Dans deux heures, depuis Bosco, on arrive à Cerentino élevé de 506 toises au-dessus de la mer. Jusque-là, et encore un peu plus bas, la vallée de Bosco est sans fond, c'est-à-dire, que ses parois se réunissent à angle aigu, sans terrein plat pour former le fond de la vallée. Les montagnes sont si élevées, surtout au Sud, que le village de Bosco est trois mois sans voir le soleil ; et, à celui de Cerentino, on ne le voit, en hiver, que depuis midi jusqu'à deux ou trois heures.

Aux environs de Buguasco, granits veinés, tou-

F

jours, à couches horizontales. Une demi-lieue plus bas, on quitte la vallée de Bosco pour entrer dans celle de Maggia ou Madia, en allemand, Mëin-Thal. Cevio, chef-lieu de cette dernière vallée, est à 220 toises au-dessus de la mer. Une lieue et demie plus bas, la vallée commence à s'élargir.

Grande variation dans les montagnes jusqu'à la plaine : d'abord roc micacé quartzeux, à couches presque verticales ; ensuite gneiss, à couches ondées horizontales ; puis, schiste, à couches verticales et à feuillets différemment contournés ; enfin, roches micacées, à couches verticales aussi.

Il y a des angles saillans et rentrans dans cette vallée ; aussi est-elle transversale, dit M. de Saussure, c'est-à-dire, comme il s'explique au même endroit, qu'elle coupe constamment et à angles droits, les plans des couches des montagnes qui la bordent.

Cette explication paroîtroit dire, que si la vallée ne coupoit pas les couches à angles droits, il n'y auroit point d'angles saillans et rentrans. Mais ces deux circonstances, dans une vallée, n'ont pas un rapprochement nécessaire : dans la vallée du Rhin, entre Mayence et Coblentz, il y a des angles saillans et rentrans, et les couches suivent la direction de la vallée. Dans la plupart des vallées perpendiculaires à une grande chaîne, il est rare d'y voir des angles saillans et rentrans dans la partie supérieure : ce n'est

que dans le bas de ces vallées qu'il y en a quelquefois : c'est une suite de l'arrangement de la grande
débâcle : elle déposa des débris sur les revers des
montagnes : les grandes eaux, encore dans leur force,
creusoient ces débris en ligne droite; mais quand
elles furent plus basses, elles se creusèrent un lit
dans les derniers dépôts, à angles saillans et rentrans, comme on voit dans les rivières, au milieu
des plaines.

La vallée s'élargit beaucoup, deux lieues avant
Locarno. Cette dernière ville est située sur le lac
Majeure, près de l'extrémité septentrionale, à 118
toises au-dessus de la mer. On donne quelquefois le
nom de cette ville au lac.

Depuis les sources du Rhône (1) *jusqu'à Brigue.*

§. 50. Le Rhône, depuis ses sources, tourne la
montagne de Lengès, pendant une lieue, jusqu'à la
plaine du Vallais : on voit, dans ce trajet, différentes sortes de pierres toutes feuilletées, gneiss, granitelle à gros grains de feld-spath, schiste mélangé
de mica et de quartz, roche de corne schisteuse. Les
couches sont verticales presque jusqu'au bas; mais
en approchant de la plaine, elles sont inclinées en
différens sens.

---

(1) J'ai parlé de ces sources, §. 41.

Cette plaine est presqu'horizontale, depuis Ober-Wald jusqu'à Nider-Wald, c'est-à-dire, pendant cinq à six lieues; ce qui fait que, quoique fort élevée, elle est cependant très-marécageuse. Il y a deux fontaines sulfureuses dans le marais d'Urlichen.

Aux environs d'Ober-Wald, premier village du Vallais, depuis les sources du Rhône, beaucoup de pyrites dans la montagne, à droite du Rhône; et pierres à chaux, en plusieurs endroits, du même côté, jusqu'à Obergestlen; mais, depuis là, je n'en vis point jusqu'à Nider-Wald; ce sont des schistes micacés argileux, ondés et tendres.

Les pierres ollaires sont sur la rive gauche du fleuve : on en trouve à l'entrée de trois vallées, celle de *Geren*, celle d'*Eginen*, et celle de *Merezen*. Ces pierres ollaires sont très-communes dans le Vallais, et on a remarqué qu'elles étoient ordinairement sur la gauche du Rhône, c'est-à-dire, au Sud de la vallée, comme à celle d'Urseren.

Münster, chef-lieu du dixain de Conches, est à 736 toises au-dessus de la mer et de niveau avec Andermatt. Depuis les environs de Münster jusqu'à Biel et à Nider-Wald, beaucoup de cailloux roulés et des gros blocs arrondis de granit en masse et de granit veiné, surtout dans les torrens et sur leurs bords; ce qui paroît prouver qu'ils viennent de hautes montagnes plus éloignées : il y a aussi d'autres blocs de

gneiss et de schiste micacé quartzeux qui, étant à
angles vifs, paroissent venir des montagnes voisines;
et dans ces blocs, on y voit de gros cristaux saillans
de feld-spath et de la serpentine; près de Nider-Wald,
grès en roche et à Biel schorl cristallisé, en blocs
isolés, réduit en amianthe dans une veine. On retrouve des pierres à chaux entre Fiesth et Belwald.

Depuis Nider-Wald à Erne granit veiné ou gneiss.
Près de *Steinus* ou *Steinhaus*, village à une lieue plus
haut qu'Erne, il y a, dans la montagne, un certain
sel que les chamois viennent lécher tous les jours.
Depuis Nider-Wald jusqu'au bas de Lax, le Rhône
s'est creusé un lit profond dans des pierres ollaires
feuilletées, très-tendres où il coule rapidement. On
exploite une grande carrière de ces pierres un peu
plus dures, sur la rive gauche, près du torrent de
Milibach.

Entre Erne et Ausserbine, peu de calcaires; mais
en remontant un torrent, qui passe près de ce dernier village, on trouve d'abord beaucoup de gypse;
plus haut, du tuf et au-dessus du calcaire; le vitrifiable des environs est mica noir mêlé d'un peu de
feld-spath et du gneiss; ce qui s'étend jusqu'à Binne, avec quelques ollaires de chaque côté de la vallée, et avec des schistes quartzeux mêlés de calcaire,
en plusieurs endroits, propres à faire de la chaux
maigre. Aux environs de Binne, les ollaires sont plus

commununes; il y a aussi beaucoup de cristaux de roche ; on en trouva un, entr'autres, en 1786, qui pesoit 5 à 6 quintaux ; je le vis à Brigue, chez son excellence le grand baillif.

Il y avoit, près de Binne, un haut fourneau qui a été détruit depuis peu : les mines, qui le nourrissoient, se tiroient dans trois montagnes des environs : celle dite *Infelbach* étoit la plus riche, et son fer le meilleur et propre à faire de l'acier. Il y a aussi beaucoup de fontaines martiales dans les environs.

A un quart de lieue de Lax, sur la droite du Rhône, roches, ou, peut-être mieux, blocs entassés, liés par d'autres débris, et recouverts en forme de rochers. Trois quarts de lieue avant Morell, grand éboulement, en grande partie, des mêmes pierres. Depuis Morell à Naters, granits veinés, gneiss, roches feuilletées micacées, quartzeuses, et, en quelques endroits, avec de grandes veines de quartz. On y voit aussi un second éboulement considérable. Il y a dans ce trajet un peu de gypse, du calcaire et du spath calcaire mêlé de quartz.

Sur la rive gauche du fleuve, plusieurs grands éboulemens aussi, dont les débris ne présentent qu'un mélange confus de matières hétérogènes, qui paroissent avoir été détachées, autrefois, de différentes montagnes, transportées, mêlées et déposées par un agent violent; ces matières s'éboulent, à présent, d'autant plus facilement qu'elles sont moins liées.

Cet arrangement de matières s'étend loin du bord de la plaine, car plusieurs vallons, qui y aboutissent, sont creusés dans de pareils débris. Nous en verrons beaucoup d'autres exemples, dans tout le Vallais, et, même, jusqu'au fort de l'Ecluse. Les relations des différens voyageurs, rapportés ci-après, nous diront que ce fait est général, surtout, dans les grandes vallées; en sorte qu'on doit y distinguer deux sortes de montagnes; les hautes montagnes qui bordent les vallées dans toute leur longueur, et qui sont, ordinairement, escarpées à de grandes profondeurs; d'autres montagnes plus basses, appuyées, en talus, contre le pied de celles-ci, composées de débris étrangers à leur sol et de différente nature entre elles, et avec les grandes. Il ne faut pas confondre avec ces montagnes plus basses, les débris journaliers des faces escarpées des grandes qui sont de même nature que les escarpemens.

Au bas de Naters, près du pont de Brigue sur le Rhône, 325 toises au-dessus de la mer, beaucoup de gros blocs de granit blanc : je n'en ai vu, nulle part, réunis, en si grande qualité, dans un si petit espace. La montagne, à droite et sur le bord du Rhône, est une de celles composées des débris, dont je viens de parler : elle a environ 100 pieds de hauteur ; elle est plaine au-dessus , et toute composée de schistes micacés quartzeux , mêlés de calcaire avec des filons de quartz , sur une longueur d'une lieue et demie , et une demi-lieue de largeur ; on y trouve des blocs isolés , à découvert , d'autres enfouis dans les débris. Cette montagne et les blocs, près du pont, sont vis–à–vis la vallée de Simplon, et paroissent en venir.

De Brigue à Duomo d'Issola par le Simplon.

§. 51. Brigue est le chef-lieu du dixain de ce nom. En montant au Simplon, depuis cette ville, beaucoup de cailloux roulés calcaires, roches micacées quartzeuses et des ollaires ; plus haut, roches micacées calcaires, en place, et qui continuent pendant une lieue, avec des blocs de gneiss isolés. Aux environs du pont Kront-Bruck, schistes grenatiques.

En montant aux Tavernettes, il y a du gypse en quelques endroits ; mais le gneiss ou granit veiné , à petits grains, et ensuite à grains plus gros, domine jusqu'au-dessus du col et dans les montagnes qui le bordent.

Le haut du col est à 1015 toises au-dessus de la mer ; il y a un marais d'une demi-lieue de long. Sur la montagne à gauche, on voit un glacier qui s'est étendu du côté du Vallais , et qui s'est retiré du côté de l'Italie. Un autre glacier dit *Rosboden* , sur une

montagne, à droite, en descendant au village de Simplon, s'est retiré d'une lieue.

Après un quart de lieue de descente, depuis le
col, on trouve un hôpital, et dans deux heures, ensuite, on descend au village de Simplon, élevé de
714 toises au-dessus de la mer ; et, une heure après,
on arrive à la plaine *d'Amstein*. Cette plaine, un peu
inclinée, a environ une lieue de long, sur une demi-
lieue de large ; c'étoient autrefois de beaux prés, mais,
à présent, elle est entièrement recouverte de pierres
et même de gros blocs détachés, par un éboulement
des montagnes voisines, et entraînés par une grande
inondation. Il y en a de sept à huit sortes, et, même,
des ollaires et des calcaires, mais point de granit en
masse. Ce sont des morceaux de pierres formées séparément, détachés, autrefois, de leurs analogues, et
réunis par une cause puissante, pour en former, au
moins, l'enveloppe de ces montagnes. Voilà encore
un bel exemple de montagnes formées de débris.

Un autre fait bien intéressant aussi, et qui n'a pas
échappé à M. de Saussure, c'est qu'au bas de la plaine
d'Amstein, à gauche du pont *Ebisteg*, on trouve un
filon calcaire fort épais entre des couches de gneiss:
ce filon monte au S-E, jusqu'au dessus de la montagne, toujours entre les gneiss : un filon pareil et
pareillement arrangé, répond au premier, sur la
droite de la Toccia. Il n'y a ni transition ni inter-

médiaire entre le calcaire et le gneiss : on me dit que ces filons continuoient pendant plusieurs lieues ; mais je ne les ai pas vus si loin. M. de Saussure prend occasion, de ce fait, pour répéter qu'on s'est trop pressé d'établir des limites précises entre les montagnes primitives et secondaires; et il appelle primitif le calcaire de notre filon.

Mais, sans avoir besoin de cette distinction de primitif et de secondaire, on verra, ci-après, dans l'explication des phénomènes, que ce fait, très-commun dans les montagnes, s'explique facilement part le transport et le dépôt des matières dans la grande débâcle.

Après le pont d'Ebisteg, la vallée devient étroite, et les roches sont granit veiné ou gneiss jusqu'à Dovedro, où les montagnes s'écartent, et sont en décomposition. En descendant, on passe à *Ruden* dernier village allemand, vis-à-vis duquel, sur la droite de la Toccia, il y a une vallée de sept à huit lieues de long, parallèle à celle du Vallais. A l'entrée de cette vallée beaucoup de schiste grenatique : on y exploitoit une mine d'or, il n'y a pas long-temps : elle fut abandonnée; et quand je passai, on cherchoit à la découvrir, sans grande espérance.

De Brigue au Mont-Rose et au Mont-Cervin, par la vallée de Viège.

§. 52. A demie lieue de Brigue, sur la gauche, en allant à Viège, carrière d'ardoise ; un peu plus loin, gypse à l'entrée d'une petite vallée. Trois quarts de lieue avant d'arriver à Viège, roche calcaire remarquable par de nombreuses et différentes sinuosités ; ensuite, schiste micacé quartzeux.

Près de Viège, chef-lieu de la vallée de ce nom, pierres calcaires : de Viège à Eggen, village sur le revers de la montagne à gauche de la Vispe, calcaire micacé, pendant la première demi-lieue, en montant, avec des blocs de granit et de serpentine qui ne tiennent au sol que par leur poids ; plus haut, autres blocs de schiste argileux micacé, enfoncés dans les débris et recouverts en partie ; ensuite recommencent les pierres à chaux micacées au-dessus desquelles on trouve des ollaires, pendant une demi-lieue, toujours en montant ; sur ces ollaires reviennent, pour la troisième fois, les pierres à chaux micacées qui continuent jusque près de l'église d'Eggen. Un quart de lieue, avant cette église, je trouvai une fissure où l'eau d'un petit ravin avoit décomposé de la stéatite en une amianthe fort blanche, et dont les filets tenoient encore à la pierre : une demi-lieue plus haut, beaucoup de blocs de stéatite extrêmement durs, détachés de la montagne voisine.

En descendant d'Eggen, du côté de Stalden, on a les pierres à chaux, pendant une demi-lieue. On trouve ensuite une grande carrière de pierres ollaires. Tout ce revers de montagne entre Viège et Stalden, pendant deux lieues, paroît composé des débris des deux vallées qui se réunissent près de ce dernier village ; parmi ces débris, on voit des blocs isolés de granit blanc.

Sur la rive droite de la rivière, depuis Viège à Stalden ; d'abord pierres à chaux pures qui deviennent ensuite micacées ; après quoi on trouve des grès : les calcaires recommencent en gros blocs détachés ; plus loin, gros blocs de serpentine mêlés avec les calcaires ; enfin pierres à chaux micacées jusqu'au pont de Stalden.

De Stalden à Saace, quatre lieues ; la vallée dite *Val-Sosa* est étroite, rapide et sans fond plat, jusqu'à une lieue de Saace : elle s'élargit alors, et présente une plaine de deux lieues de long qui ressemble beaucoup au fond d'un ancien lac : on monte, à droite, pour aller à Phé, où il y a une plaine parallèle à la précédente. Les pierres communes de cette vallée sont granits veinés et gneiss, en feuillets minces, dans le bas ; et plus épais, dans le haut, avec de gros rognons et des veines de quartz. Une demi-lieue, avant **Saace**, en montant, filon de pierres à chaux entre des vitrifiables. Parmi les débris des montagnes on en trouve des calcaires.

§. 53. Cette vallée conduit au Mont-Rose. J'ai déjà parlé de sa structure. (§. 5.) Voici ce que M. de Saussure dit de sa nature. La masse entière du Mont-Rose, depuis ses bases jusqu'à ses plus hautes cimes, est composée de granit veiné et d'autres roches feuilletées de différens genres : en quelques endroits, les granits veinés sont à feuillets tortueux et remplis de grands cristaux de feld-spath. Le granit en masse ne se trouve, dans ces montagnes, qu'accidentellement, cependant assez communément, mais toujours sous la forme de rognons, de filons ou de couches interposées entre celles de roches feuilletées. A la montagne de *Chicusa*, qui fait partie du Mont-Rose, un grand rocher dont le milieu est de granit veiné, tandis que ses deux faces extérieures sont de granit en masse ; à la même montagne, une couche de pierres calcaires, en grains assez gros, brillans, translucides, renfermée, comme au Simplon, entre des couches de pierres primitives. Au pied intérieur du cirque, belles gerbes de hornblende, noire de deux à trois pouces de diamètre, couchées dans les interstices des couches de gneiss ou de granit veiné.

§. 54. M. de Saussure remarque, ici, comme au

Griès, que les granits veinés et les gneiss, étant très-élevés, ils ne peuvent pas être composés des débris des granits en masse; puisqu'on ne trouve, nulle part, ces derniers, dans les environs, à la même hauteur. Mais cet habile minéralogiste reconnoît cependant que les montagnes anciennes, avant la débâcle, étoient beaucoup plus élevées qu'elles ne sont à présent; leurs débris ont donc pu servir de matériaux aux granits veinés et aux gneiss, et même se réunir de nouveau, sous la forme de granit en masse: témoin celui de la montagne de Chicusa dont nous venons de parler, et, plus encore, celui de M. Werner, dans lequel sont renfermés des cailloux roulés, très-distincts et assez gros, de gneiss et de granits veinés : j'ai vu, aussi, à Chamouni, dans une partie d'un gros bloc de beau granit, de la pierre de corne bien distincte du granit, sur un diamètre d'un pied, au moins, et qui étoit entièrement renfermée dans le granit. M. de Saussure, (art. 1632), nous parle d'un rognon de schiste micacé mêlé de feldspath ou de gneiss, de 12 pieds de longueur sur 6 de hauteur, renfermé, aussi, dans un rocher de granit en masse, bien caractérisé.

Au reste, cette question ne m'intéresse pas beaucoup, dans mon plan; je prends les montagnes comme elles étoient au moment de la débâcle; granits en masse ou veinés, cela m'est égal : ce n'est que leur dégradation , le creusage des vallées , et le transport des débris qui m'intéressent le plus.

Le Mont-Rose n'est pas une montagne isolée , mais une masse centrale à laquelle viennent aboutir sept ou huit grandes chaînes de montagnes qui l'entourent en s'élevant, à mesure qu'elles approchent de ce centre et qui finissent par se confondre avec lui, en devenant des parties ou des fleurons de sa couronne.

Ces chaînes de montagnes renferment sept à huit vallées, qui sont le Val-Anzasca, le Val-Sésia-Piccola, le Val-Sésia-Grande, le Val-Lesa, le Val-d'Ayas, la vallée du glacier du Mont-Cervin et le Val-Sosa : on pourroit y ajouter le Val-Zwischenberger qui commence près de Ruden.

Toutes ces montagnes sont, à-peu-près, de même nature entr'elles et avec le Mont-Rose : le granit veiné, le gneiss, la roche quartzeuse micacée y dominent ; il y a aussi du schiste micacé, de la hornblende et de la stéatite : cette dernière est plus fréquente dans le Val-Lesa et dans le Val-d'Ayas, où l'on trouve aussi des roches micacées calcaires, grenues. Toutes ces matières forment, partout, des mélanges plus ou moins composés, en alternatives continuelles, qui ne ressemblent pas mal à des débris entraînés et entassés, pêle-mêle, par de grandes alluvions. C'est surtout dans le bas des vallées où la confusion est plus grande.

On trouve des mines d'or dans presque toutes les montagnes voisines du cirque du Mont-Rose : il y en a cependant peu en exploitation : la principale est aux environs du village de Pescerena, au Val-Anzasca, à deux lieues du cirque.

Dans le Val-Sesia-Grande, une mine de cuivre, en exploitation, à une demi-lieue du village d'Allagne. Le filon est très-apparent au dehors; on le voit aussi dans la montagne correspondante, de l'autre côté de la rivière, et précisément dans la même situation. Bel exemple du creusage des vallées.

Depuis le Val-Sesia-Grande, on passe le Val-Lesa et le Val-d'Ayas, pour aller à celui de Tornanché qui conduit au Mont-Cervin. Dans le bas de ce dernier val, calcaires grenues, micacées, en alternative avec des serpentines : ces deux genres de pierres se succèdent pendant six lieues. Aux environs du Breuil, gneiss entre des couches calcaires grenues, schisteuses, parallèles à celles du gneiss, avec quelques lames de mica. Ce fait est fréquent dans les montagnes voisines. Au Nord de ces gneiss, schiste mélangé de mica, de hornblende et de grenats : au Sud du Breuil, gneiss recouvert de tuf sur lequel reposent des couches calcaires, micacées, schisteuses, au-dessus desquelles sont d'autres bancs du même tuf, le tout à couches horizontales et recouvert de gneiss : à-peu-près, même arrangement jusqu'au qu'au col. Voilà donc encore bien des mélanges, et des couches, dites primitives, entre des secondaires et, même, superposées.

§. 55. Le col ou passage du Mont-Cervin est le point le plus bas d'une arête qui sépare le glacier du Val-Tornauche de celui de Zer-Matt : il est à 1736 toises au-dessus de la mer. L'arête est composée de couches alternatives et peu inclinées de serpentines, de calcaires et de quartz. La fameuse cime, dont j'ai parlé, (§. 6), est, à-peu-près, au Nord du col.

En suivant l'arête, du côté du Nord, on arrive, dans une heure, à un rocher très-remarquable, dans lequel on trouve, d'abord, un gneiss presqu'horizontal, à grains très-fins de quartz et de feld - spath mêlés de mica : sur ce banc de gneiss, repose une couche calcaire grenue ; et, sur celle-ci, un banc de tuf d'environ deux pieds d'épaisseur composé de petits grains, sur lequel se trouve un autre banc calcaire grenu, surmonté d'un gneiss verdâtre, et la cime du rocher est micacée calcaire ; mais point de granit en masse, ni dans les environs.

M. de Saussure regarde comme *primitives*, les couches qui renferment ce tuf, même, les calcaires : il croit aussi ce tuf *primitif* et formé sous l'ancienne mer ; en conséquence de quoi il se fait une grande question de théorie, (art. 2262, p. 431). Je vais transcrire, mot-à-mot, cette question et la solution

qu'il en donne. « Lorsque je me demande, qu'est-ce
» qui a pu interrompre subitement la formation de
» ces couches si régulières de gneiss et de calcaires
» grenues, toutes composées de particules *cristalli-*
» *sées,* et les remplir par un amas confus de sable
» micacé et d'argile liés, sans ordre, par une boue
» calcaire? je ne puis en imaginer d'autre cause,
» qu'un mouvement subit et irrégulier dans les eaux
» de l'ancien Océan, joint, peut-être, à l'ouverture
» de quelque goufre qui aura vomi cette boue. Et
» ce mouvement doit avoir eu des retours périodi-
» ques, puisque ces couches de tuf reviennent, dans
» ces alentours, à cinq reprises différentes. La plus
» haute, celle que je viens de décrire, est à plus de
» 1800 toises au-dessus des mers actuelles : celle, que
» j'ai indiquée la première, est à environ 1720 ; une
» que l'on voit, en descendant au Breuil, à environ
» 1600, et deux autres.

» Mais il y a eu aussi d'autres convulsions, et
» même plus grandes; celle, par exemple, qui a
» brisé et arrondi les matériaux des poudingues,
» lors de la révolution qui a mis fin à la formation
» des montagnes primitives et qui a introduit les
» animaux dans l'Océan. Il y a eu aussi des révo-
» lutions semblables, pendant la formation des mon-
» tagnes secondaires, comme celles qui ont brisé
» ces couches de coquillages qui semblent avoir été

» concassés comme dans un mortier ; tandis qu'on
» voit, au-dessus et au-dessous, des couches où ils
» sont parfaitement conservés. Il y a eu enfin une
» révolution pareille, lors de la formation des brê-
» ches calcaires qui ont terminé, en tant d'en-
» droits, la formation des couches de pierres cal-
» caires compactes : ces agitations périodiques tien-
» nent, peut-être, à des causes astronomiques, dont
» il seroit bien intéressant de déterminer les épo-
» ques ; en effet, ni les orages, ni les marées ordi-
» naires n'agitent le fond des mers, au point de pro-
» duire de tels effets. Mais, qui pourroit, du moins
» par des conjectures probables, pénétrer dans cette
» nuit des temps ? Placés sur cette planète, depuis
» hier, et seulement pour un jour, nous ne pouvons
» que désirer des connoissances que, vraisemblable-
» ment, nous n'atteindrons jamais ».

§. 56. Voilà encore un exemple bien frappant d'hypothèses arbitraires et forcées, dans lesquelles on
est obligé de se jeter, par prévention pour des systêmes formés avant la connoissance des faits, et sans
espérance d'atteindre la vérité ; cependant M. de
Saussure, en parlant de la pyramide du Mont-Cervin, tenoit un fil qui auroit pu le conduire à la solution de ce problême ; mais le système de cristallisation le lui fit échapper. Ce fil étoit la dégradation
des montagnes, le transport et le dépôt de leurs

débris : en effet, cette idée de dégradation et de
transport répond naturellement à la question précédente. Les calcaires grenues micacées, ne sont plus,
alors, des cristallisations formées dans un ancien
Océan, mais des grès calcaires formés des débris des
calcaires compactes, comme les grès quartzeux
sont les débris du quartz en masse. Ainsi ce fut
le même agent qui déposa le tuf, dont il s'agit, entre des couches vitrifiables; qui arrondit les matériaux des poudingues; qui brisa certains coquillages
et qui forma des brêches calcaires. En conséquence,
il ne doit pas paroître surprenant qu'on ne trouve
point de granit en masse dans ces environs. Les sommités de ces granits furent détruites par la débâcle,
et les restes, s'il y en eût, furent recouverts par les
débris. M. de Saussure, (art. 1302), avoue qu'une
seule révolution, modifiée dans ses circonstances, a
pu opérer tout cela. C'est donc bien en vain, qu'il
en suppose, ici, autant qu'il y a de phénomènes à
expliquer. D'ailleurs, on trouve du même tuf, en
question, évidemment transporté. J'en ai vu dans
un Alp., dit l'*Air-du-Champ*, montagne à l'Ouest
de la vallée d'Annivier : ce tuf couronne une tête de
montagne de gneiss ou granit veiné, sur l'épaisseur
d'une vingtaine de pieds et, à une petite lieue de là,
au N-E, ce même tuf couronne une autre tête de
montagne entièrement composée d'un grès blanc

et haute de 80 à 100 pieds : le tuf suit exactement toutes les sinuosités de la surface supérieure du grès. Quelle est donc la révolution, le mouvement qui **a** placé là ce tuf, isolément? je n'en connois point que le transport : et, de plus, je croirois que ces deux petits plateaux étoient autrefois réunis par un intermédiaire, de même nature, qui s'étendoit, peut-être bien loin, et qui fut détruit par la grande débâcle, comme nous dirons pour les grès des Vosges, (et, ci-après, §. 59). Aussi voit-on ce tuf répandu en bien des endroits.

A deux lieues E. S-E. du col du Mont-Cervin, il y a une montagne dite *Breit-Horn*, *Cone Large*, élevée de 2002 toises au-dessus de la mer, dont la cime est composée, en grande partie, de serpentines mélangées de mines de fer à grains fins : les couches sont en désordre et entre ces couches il y a du schiste micacé, sans mélange d'autres pierres. Voilà encore une preuve de transport, surtout, pour la mine de fer à grains fins, sur une haute montagne isolée.

§. 57. *Zer-Matt* ou *Proborn*, dernier village de la grande branche de la vallée de Viege, dans une grande plaine horizontale qui paroît avoir été le fond d'un lac, au N-E du col du Mont-Cervin et élevée de 830 toises au-dessus de la mer. La serpentine est la pierre commune de la montagne au pied du glacier de Zer-Matt : on y trouve aussi du schiste micacé, en grande décomposition, du côté de la haute pyramide. La serpentine se retrouve, en bien des endroits, jusqu'à Tesch : la pierre calcaire y est aussi assez commune. Les autres roches sont micacées quartzeuses, gneiss et granit veiné.

Depuis Tesch à Saint-Nicolas, la pierre dominante est un beau granit veiné, dont on se sert pour couvrir les maisons; peu de serpentine; presque point de calcaire : je ne trouvai de cette dernière qu'à une demi-lieue au-dessus de Saint-Nicolas, en blocs mêlés avec des vitrifiables de plusieurs sortes et qui venoient, tous, d'un éboulement d'anciens débris de montagnes : il y a aussi, dans ces environs, un grand rocher de grès blanc, sur la gauche de la rivière : depuis Saint-Nicolas à Stalden, on trouve un peu plus de serpentine; les granits veinés ne sont plus si beaux; les roches deviennent micacées quartzeuses.

De Viege à Sion.

§. 58. Entre Viege et Tourtmagne, schiste micacé, quartzeux; le calcaire remplace ensuite le quartz, en grande partie; et enfin, viennent les schistes micacés purs : ces trois sortes de pierres sont en fréquentes alternatives : on trouve, en quelques endroits, de gros filons de quartz dans les schistes.

En montant du côté d'Annivier, depuis la vallée du Rhône, gros blocs de gneiss isolés : les premiers rochers, au haut du chemin, sont calcaires, le gypse les recouvre pendant quelques minutes de route et le calcaire reparoît ensuite : avant d'arriver aux grands Pontis, (§. 12), gneiss et schiste, sur le revers de la montagne, qui recouvrent le calcaire.

Après les Pontis, on trouve du tuf composé des débris de différentes pierres déjà formées, telles que le quartz, le mica, le gneiss, la serpentine, etc., le tout lié par une grande quantité d'argile jaunâtre : ce tuf forme une couche fort épaisse et fort étendue dans la montagne, entre des couches dites primitives : on pourroit l'appeler grès ou poudingues, suivant la grosseur de ses élémens : on en fait des poëles ou fourneaux : il approche beaucoup de celui que M. de Saussure décrit, (art. 2361); il ne fait cependant point d'effervescence avec les acides.

En approchant de l'église d'Annivier, rochers de grès surmontés par du tuf semblable à celui des Pontis et recouvert de gneiss. Au fond de la vallée, plus loin qu'Ayer, ollaires et serpentines, dites, dans le pays, pierres à fourneaux ; elles font le tour du cul-de-sac de la vallée, comme dans la vallée d'Hérens ; on me dit qu'il en étoit de même, dans toutes les vallées voisines. Il y a, dans celle d'Annivier, de l'argent gris, des pyrites cuivreuses et du cobalt de différentes sortes : on me donna quelques morceaux de ce dernier, mais je n'en vis pas la mine.

D'Annivier je passai à Grimenci, sur la gauche de la rivière. Au-dessus de ce dernier village, beaucoup de gros blocs de gneiss isolés et en grande décomposition. Depuis Grimenci, on monte un vallon fort rapide : la montagne, à droite, est de grès, en grande partie ; et, près du haut du vallon, il y a un gros rocher blanc recouvert d'une couche de tuf fort épaisse, de même nature et de même couleur que les précédens ; ce tuf suit, exactement, toutes les sinuosités de la surface supérieure du grès.

§. 59. On traverse, ensuite, sur la droite, une arête qui est une suite de la même montagne et on arrive à une grande plaine dite l'*Air-du-Champ*; c'est un *Alp*, c'est-à-dire, un pâturage de montagne, appelé *Lardezan*. Sur la gauche, en entrant dans cette plaine, il y a une haute pyramide triangulaire, isolée : l'arrête, dont je viens de parler, continue en montant jusqu'à son sommet : les trois faces de cette pyramide sont recouvertes d'une quantité prodigieuse de débris incohérens, qui rendent très-difficile l'accès de sa sommité : j'y arrivai cependant, mais avec beaucoup de peine. Je me trouvai là isolé au milieu d'une plaine un peu inégale de deux lieues de diamètre, élevé au-dessus du niveau de la plaine de 180 toises, et de 1494 au-dessus de la mer : je voyois de là, au Nord, une tête de montagne isolée comme la pyramide et aussi élevée qu'elle : j'y allai

et je trouvai beaucoup de gros blocs de gneiss ou granit veiné; car ces deux genres de pierres se rapprochent, assez souvent, de manière à prendre l'un ou
l'autre nom. Quelques-uns de ces blocs ont 20 à 30
pieds de long; mais ce qu'il y a de plus remarquable,
c'est que cette tête isolée et fort large est entièrement
recouverte de tuf semblable à celui du rocher de
grès, de 30 à 40 pieds d'épaisseur.

Presque toutes les montagnes des environs de
l'Air-du-Champ, sont composées comme les précédentes, c'est-à-dire, grès, schistes, gneiss, surmontés par du tuf. Ce tuf, grès ou poudingue, étran-
ger au sol, n'est pas tombé du ciel sur ces cimes
isolées : il y a été amené et déposé par de grandes
eaux; la plaine, à présent 180 toises plus basse, étoit
donc alors aussi élevée que ce tuf : les montagnes,
qui en ont fourni les matériaux, étoient encore plus
élevées. Qu'est devenu ce qui manque et aux montagnes et à la plaine? Cette réflexion a lieu dans
toutes les Alpes et, je crois, dans toutes les hautes
montagnes.

Il y a, dans cette plaine, un lac d'environ un
quart de lieue de diamètre; on trouve du fer micacé, près de ses bords : sa hauteur au-dessus de la
mer est de 1315 toises; c'est, à-peu-près, où finit la
végétation des arbres. En descendant, du côté du
Rhône, il y a deux ou trois replats qui paroissent

être les fonds d'anciens lacs. La montagne, à droite, est presque toute de granit veiné ou de gneiss, jusqu'à Vercolin : près de ce village, pierres à chaux grasse : on en trouve jusqu'à Nax : il paroît que le corps de la montagne en est composé et qu'il est recouvert par les schistes et les gneiss : ces derniers continuent jusqu'à Saint-Martin, au moins à l'extérieur.

§. 60. Je passai, ensuite, la Borgne, rivière qui arrose la vallée d'Hérens : après une petite lieue, en descendant, je trouvai le confluent d'une autre branche de la Borgne : ces deux branches sont séparées par une montagne dite *Mandelon :* le bas de cette montagne, près du confluent, est calcaire, à chaux grasse, surmonté de schiste et de gneiss mêlés de calcaire : sur ces derniers revient le calcaire pur; et ainsi de suite, à plusieurs alternatives, jusqu'au sommet, où le schiste est presque pur ou ardoise.

En montant à *Héromence*, pierres à chaux maigre; plus haut gneiss presque pur : en descendant à *Vex*, vrai gneiss; mais, au bas de ce village, pierres à chaux grasse : plus bas, c'est du grès et, au pied de la montagne, près de la vallée du Rhône, sablon mêlé de grains de quartz, dont on se servoit, autrefois, pour la verrerie de Martigny : de l'autre côté, sur la droite de la rivière, à l'entrée de la vallée d'Hérens, un grand rocher de grès avec des cailloux de quartz et des pyrites cubiques : ce grès continue du côté du Rhône avec de larges filons de quartz.

Vallée du Rhône sur la gauche du fleuve, depuis Tourtmagne jusque vis-à-vis la Morge.

§. 61. Un peu plus bas que *Tourtmagne*, commence un talus qui prend presque depuis le Rhône jusqu'à la montagne, sur deux lieues de longueur : ce talus est composé des débris des montagnes, comme on le voit dans le lit que le torrent de *Millegrabe, Ilgraben,* s'y est creusé, à la profondeur de vingt pieds sur 9 à 10 toises de largeur. Le fond de ce canal, ses parois et tout le talus sont des pierres de grès, en grande partie ; on y trouve aussi des pierres calcaires, du tuf, des brèches, des poudingues, quelques morceaux de gneiss et de serpentine, etc. ; le tout mêlé avec du sable. Ce torrent vient d'un petit vallon terminé par un cirque d'une demi-lieue de diamètre : l'entrée du vallon est calcaire des deux côtés : le fond du cirque, au-dessus des roches calcaires, est de grès surmonté par un tuf jaunâtre : ce grès et ce tuf répondent, pour la hauteur et pour la qualité, à ceux de la vallée d'Annivier.

§. 62. Un peu plus bas que ce torrent, dans l'espace de deux ou trois lieues, on voit, de distance en distance, surtout, aux environs de Grange et de

Chaley, beaucoup de monticules isolés, de différente nature, de différentes formes et de différentes hauteurs, épars entre le fleuve et la montagne, comme les restes d'un encombrement que de grandes eaux auroient coupé et sillonné.

La nature des élémens de ces monticules varie beaucoup ; il y en a qui sont presque *tout* calcaires, d'autres presque *tout* vitrifiables, dans quelques-uns le calcaire et le vitrifiable sont mêlés, à différentes doses ; mais, dans la plus grande partie, ce sont les pierres à chaux maigre qui dominent. Il s'y trouve aussi des pierres de toute sorte de grosseur, depuis celle d'un pois jusqu'à la pesanteur de trois ou quatre livres et même de gros blocs ; mais point de roches, en place, qui fassent corps de montagne.

Parmi tous ces monticules, il y en a qui approchent de la forme conique, d'autres de la sphérique, quelques-uns sont oblongs dans la direction de la vallée et les autres de formes irrégulières. Leurs hauteurs et leurs grandeurs sont aussi différentes que leurs formes et leurs natures. On en voit qui n'ont que 15 à 20 pieds de hauteur ; d'autres, mais peu, s'élèvent jusqu'à 150 ou 200 pieds ; le reste, plus ou moins, entre ces élévations. Quant à leurs grandeurs, j'en ai vu qui n'avoient guère plus de 9 ou 10 toises carrées de base ; mais il y en a plusieurs qui sont beaucoup plus grands ; un, entr'autres, sur lequel on avoit bâti trois châteaux. Tous sont en grande dégradation ; on voit leurs débris à leurs pieds, surtout, autour de celui des trois châteaux.

A l'occasion de ces monticules, M. de Saussure, (art. 2118), soupçonnoit que ce ne fussent les restes d'une montagne écroulée sur place ; mais pourquoi recourir à une hypothèse aussi incertaine qu'inutile, puisqu'en parlant de la haute cime du Mont-Cervin, (art. 2244), il dit, lui-même, que les débris des montagnes remplissent nos valiées. Nous en allons voir beaucoup d'autres exemples.

Depuis la Morge jusqu'à Naters, en remontant la rive droite du Rhône.

Au-dessus du confluent de la Morge, des deux côtés du Rhône, jusque près de Sion, il y a aussi beaucoup de monticules, presque tous, de même hauteur entr'eux, plus grands que la plupart des précédens et exactement situés comme les restes d'un grand plateau sillonné par le fleuve : leurs couches penchent contre son cours et se relèvent du côté opposé, sous un angle de 30 degrés avec l'horizon, comme des matières entraînées et entassées par de grandes eaux.

Ces débris de montagnes s'étendent, sur la droite du Rhône, au moins, à une lieue de large, prise horizontalement ; d'abord, en petites collines, ensuite sur un revers plus uniforme, après lequel se trouve un replat fort large ; enfin, sur un autre revers plus rapide que le précédent et adossé à la haute chaîne calcaire ; et cela depuis la Morge jusqu'au torrent de Saint-Léonard, à la hauteur de 1000 toises au-dessus du Rhône.

Cette quantité prodigieuse de débris approche de la structure et de la nature du gneiss, en quelques endroits ; ils en ont, au moins, les ingrédiens dispersés et mêlés avec du calcaire : quelquefois, c'est schiste pur argileux, schiste pyriteux, schiste micacé, schiste calcaire : aux environs de Sion, il y a du calcaire presque pur en grandes dalles très-sonores. En un mot, on voit, partout, des variétés continuelles de matières détachées de différentes roches, réunies et mélangées par un grand et puissant agent. Ces matières feuilletées à l'extérieur, sont presque toujours dures et compactes dans l'intérieur de la montagne : on y voit des filons blancs d'un mélange de spath calcaire et de quartz, qui font feu au briquet et effervescence avec les acides.

On trouve, dans tout cet espace, beaucoup de gros blocs vitrifiables, surtout des granits et des stéatites, arrondis ou du moins avec des angles abattus ; ces blocs sont isolés, épars dans les autres débris ; non pas formés à la manière des grès et des poudingues, mais de même nature et de même structure que le corps des montagnes de la grande chaîne d'où ils ont été détachés. Les injures des temps, les orages, les pluies, les neiges en ont beaucoup découvert, en tout ou en partie; et on fait des fouilles pour en trouver. Ils ne montent pas si haut que les petits débris; j'en ai cependant vu plusieurs à 300 toises au-dessus du Rhône.

Qui pourroit dire combien il y en a d'autres enfouis profondément et cachés pour long-temps aux yeux des observateurs? Mais ne jugeons pas sur ce qui est caché : il y en a bien assez à découvert pour donner l'idée d'une grande débâcle qui les a transportés et déposés où ils sont.

A une lieue plus haut que Sion, on trouve le torrent de Saint-Léonard, qui vient d'une vallée fort étroite, sans fond plat et de trois à quatre lieues de longueur. Cette vallée s'enfoncent obliquement dans la montagne, en se dirigeant à l'Est : ses parois calcaires presqu'entièrement, sont en très-grande dégradation, surtout du côté du Nord : elle se termine à un cirque d'une lieue de diamètre, au moins.

§. 63. Entre cette vallée et le Rhône, il y a un revers qui est une continuation de celui dont je viens de parler, depuis la Morge et qui lui est entièrement semblable pour sa structure, pour la nature du terrain et pour la quantité et la distribution des gros blocs qui s'y trouvent. Il y a, presqu'au-dessus de ce second revers, une bande de schiste argileux et pyriteux, de deux lieues de longueur, dirigée comme la vallée de Saint-Léonard, sur un quart de lieue de largeur et, au moins, trente pieds de profondeur. Les pyrites ne sont pas également abondantes partout ; et même, dans quelques endroits, il n'y en a point ; mais, dans d'autres, elles font bien le quart du terrain. Tout l'extérieur de cette bande schisteuse est en grande décomposition.

Plus haut, il y a de la pierre de corne et du quartz avec des cristaux de roche : j'y trouvai aussi, dans des fissures verticales, des pierres polies naturellement, comme au Grand-Saint-Bernard ; mais le poli n'étoit pas si vif ; la matière polie étoit fort mince et se levoit en écailles.

On trouve ensuite du calcaire qui fait la paroi méridionale de la vallée de Saint-Léonard : ce calcaire continue jusqu'à la plus haute pointe de la chaux dite *Bellalui*, qui domine sur le cirque, à 983 toises au-dessus du Rhône, et 1248 au-dessus de la mer.

§. 64. *Sierre* ou *Sider* est au-dessous de cette pointe, au bas du talus : depuis là jusqu'au-dessus de la *Gémi* ou *Guémi*, pierres calcaires noires, en grande partie, et à grains fins, ou marbre noire avec des filons de spath calcaire mêlé de quartz. A une lieue de Sierre, ces roches sont coupées à pic du côté du Levant, à grande profondeur et forment une des parois de

la

la vallée de Louësch dans laquelle on descend par des escaliers attachés à ces roches : l'autre paroi de cette vallée est aussi de roches calcaires escarpées, mais pas si continues ni si hautes.

Là bas et au-dessus d'*Inde* ou *Inden*, veines de schiste argileux qui traversent la vallée, à-peu-près, à même hauteur que la bande schisteuse près de la vallée de Saint-Léonard. Depuis ces veines jusqu'au village des Bains, presque continuellement du grès ; le calcaire reparoît cependant avant d'arriver au village.

Au-dessus de Sierre et dans la vallée de Louësch, beaucoup plus de blocs vitrifiables isolés, de même nature que sur les revers précédens et plus arrondis, surtout, les granits.

Le village des Bains est à 564 toises au-dessus de la mer : une demi-lieue après ce village, on monte, très-rapidement, jusqu'au-dessus de la Guémi, d'abord sur des débris, ensuite sur une corniche qui règne le long d'un précipice affreux, pendant une lieue : les montagnes de la Guémi sont calcaires : le haut du col ou passage, pour aller à Berne, est à 1191 toises au-dessus de la mer.

§. 65. De Louësch à Gitwing, calcaire mêlé d'un peu de quartz : ensuite, jusqu'à Gampel, tout vitrifiable, excepté un rocher calcaire d'un quart de lieue en longueur sur 30 toises de hauteur : on trouve aussi du calcaire près de Nider-Gampel, dans le tor-

H

rent : depuis là jusqu'à Raron , pendant une lieue et demie , on en voit encore , en plusieurs endroits , qui est en grandes dalles jusqu'à la hauteur de 150 toises. Tout ce calcaire paroît n'être qu'appuyé contre la montagne.

§. 66. La vallée de *Loëtschen* commence près de Nider–Gampel : elle a six lieues de long : elle est étroite , sans fond plat et fort rapide , pendant deux lieues ; elle se recourbe ensuite , sur la droite , presqu'à angle droit et s'élargit beaucoup : elle est fermée , au Levant , par un glacier de deux lieues de longueur. Les montagnes , des deux côtés de la vallée , sont vitrifiables , au moins , à la surface ; le bas est grès pur et quelquefois mêlé de calcaire ; en montant , on trouve du granit blanc , quartz et feldspath ; du granit gris , du gneiss et du mica presque pur , en un mot , tous les élémens du granit , deux à deux , trois à trois , etc. , avec des alternatives et des variétés dans le mélange , très-fréquentes. Il y a aussi de la hornblende et de la pierre de corne , en plusieurs endroits. Sur les revers , de chaque côté de la vallée , blocs vitrifiables , isolés , comme sur les précédens , depuis la Morge ; les granits sont encore , ici , les plus arrondis.

Depuis la Morge au Grand-Saint-Bernard, par Martigny.

§. 67. La vallée du Rhône s'élargit beaucoup, après la Morge, surtout, sur la droite, jusqu'aux coteaux de vigne qui sont en appui contre la grande chaîne qui est une continuation de celle de la Guémi, calcaire comme elle, de même hauteur et escarpée contre le Rhône.

Sur la rive gauche du fleuve, au-dessus de Ridde, de Saxon et de Charaz, beaucoup de gypse ; et dans les torrens, on voit un mélange de pierres calcaires et de vitrifiables ; ces dernières viennent des débris du revers appuyé contre le corps de la montagne qui est calcaire : près de Charaz, il y a du granitello, en grande décomposition, et, un peu plus bas, on trouve du tuf.

§. 68. Le Rhône change de direction, vis-à-vis Martigny : il se recourbe vers le Nord, sous un angle, à-peu-près, de 300 degrés. Le rocher, à droite, en entrant dans la vallée de Martigny, est calcaire, es-carpé, à couches irrégulières, où l'on voit un peu de mica. Derrière et plus haut que ce calcaire, il y a une carrière de pierres feuilletées qu'on appelle *ardoises,* dans le pays, et que M. de Saussure nomme pétrosilex : ces pierres se divisent en feuillets très-minces, mais plus forts et plus durables que l'ardoise ordinaire, pour couvrir les maisons.

§. 69. A un quart de lieue de Martigny-le-Bourg, on passe la Drance, et on entre, sur la gauche, dans la vallée qui prend le nom d'*Entremont*, jusqu'au Grand-Saint-Bernard. Les montagnes, de chaque côté de l'entrée, sont roches feuilletées quartzeuses, micacées. Un peu plus haut, on passe sur une colline composée de sable, de gravier, de cailloux et d'autres débris mêlés de gros blocs de granit.

Une demi-lieue avant Sambranchier, les montagnes, de chaque côté de la rivière, sont aussi quartzeuses, micacées, feuilletées à la surface, mais dures et compactes, en dedans. La montagne à droite du torrent est escarpée sur toute sa hauteur ; on y exploitoit, en 1786, une mine de plomb, qui se voit aussi dans la montagne de l'autre côté de la rivière, et dans la même direction : ce qui paroît prouver que ces montagnes ont été coupées et séparées par un agent plus puissant que la Drance.

Entre cette mine et Sambranchier, de chaque côté de la rivière aussi, les montagnes sont calcaires, et, par leur correspondance, elles paroissent avoir été coupées comme les précédentes. Le calcaire à gauche, en montant, s'étend pendant une lieue, et ressemble au bord d'un grand lac qui auroit rempli le fond que l'on voit entre Sambranchier et Bagne. Au

milieu du fond de ce lac, il y a une montagne isolée
sur laquelle est bâti le village de *Volège*, où l'on
trouve du gypse. Depuis cette montagne on entre
dans la vallée de Bagne qui se termine à un glacier,
sur lequel on passe pour aller à la cité d'Aoste, par
la Val-Pelline. La vallée de Bagne est réputée pour
ses minéraux : on y trouve du cobalt noir de la première qualité, une mine de plomb et argent, une
mine de fer, une de pyrites sulfureuses et ferrugineuses.

§. 70. En reprenant la route de Sambranchier à
Orsières, on trouve du calcaire, dans tout le trajet
entre ces deux villages, d'abord feuilleté et ensuite
dur et compacte. Il y a aussi beaucoup de gros blocs
de granit isolés et des ardoises, en place, près d'Orsières. Ces blocs de granit sont répandus dans les
vallées de Ferret, de Champey et d'Entremont, jusqu'à Lidde et sur les montagnes qui les dominent ;
mais on n'en trouve point plus haut que Lidde. Ce
phénomène est un des plus intéressans en géologie ;
et, pour s'en former une juste idée, il est à remarquer qu'il n'y a point de montagnes de granit aux environs de ces vallées ni du Saint-Bernard : les plus
près, en place, sont à la pointe d'Orni ou Ornex
qui fait partie du Mont-Blanc et qui est éloignée,
au moins de trois lieues, de la Plaine-aux-Bœufs qui
est fort élevée et où il y a de ces blocs ; et, de plus,

la pointe d'Ornex est séparée de cette plaine et de
la montagne de Bavon, par des vallées de 300 toises de profondeur. Il est évident que ces vallées n'é-
toient pas creusées dans le temps que ces blocs furent transportés sur ces montagnes. M. de Saussure,
dit, (art. 1022, pag. 474), *qu'il y a lieu de croire
que, dans le temps de la débâcle, qui a charrié les
pierres alpines à de si grandes distances, il y en eut
qui furent refoulées jusque dans le vallon de la Drance,
qui n'avoit sûrement point alors une pente aussi rapide qu'aujourd'hui.*

§. 71. Pour moi, je ne crois pas possible une débâcle assez forte pour *refouler* des blocs de granit de
4 ou 5 toises cubes, à plus de 300 toises de hauteur, même sur une pente moins rapide que celle
de la Drance : d'ailleurs ce n'est pas seulement dans
cette vallée qu'il y a de ces blocs, mais aussi sur les
montagnes voisines séparées de la pointe d'Ornex,
par de profondes vallées : et, même, ceux qui sont
dans les débris de la rive droite du Rhône, ne peuvent guère venir que des montagnes de la rive gauche.

Le moyen le plus simple, le plus naturel et peut-
être l'unique d'expliquer ce phénomène, ce seroit
de dire qu'avant la débâcle, il n'y avoit point de
vallées entre les montagnes de granit et celles où sont
actuellement les blocs, qu'ils y furent charriés sur une
pente douce, et que la débâcle continuant ses rava-

(119)

ges creusa ensuite les vallées. Cette explication prendra un degré de certitude et presque d'évidence,
quand j'aurai rassemblé les autres faits analogues à
celui-ci, et beaucoup plus forts encore, (§. 175).

Lidde est à 648 toises au-dessus de la mer. Vis-à-
vis ce village, de l'autre côté de la Drance, on voit
la vallée de Laz, dans laquelle on trouve des mines
de cuivre et de fer, des pyrites cuivreuses et sulfureuses avec beaucoup de vitriol et des ferrugineuses,
et aussi du gypse surmonté d'une roche calcaire. La
montagne de Bavon, est entre cette vallée et celle de
Ferret : au pied de cette montagne, du côté de la
Drance, quartz en roche, ou, plutôt, grès qui se décompose en sable dont on peut faire du verre blanc;
roches quartzeuses feuilletées, micacées avec des
veines de mica; ardoises ou schiste micacé. Au-dessus de la même montagne, mine de cuivre et argent
gris, avec du bleu et du verd de montagne; gros
blocs de granit isolés et épars sur toute la surface.

Bourg-Saint-Pierre est à 793 toises au-dessus de
la mer : aux environs de ce village, beaucoup de
gneiss qui se sépare en feuillets minces et solides
qu'on appelle ardoises, dans le pays; il y en a aussi
qui est mêlé de calcaire et dont on fait de la chaux
maigre. Au-dessus du village, il y a une vallée, à gauche, dite *Valsorey* qui conduit à un glacier du même
nom, à trois lieues de distance. A juger de la nature

des montagnes qui bordent cette vallée, par leurs fragmens que l'on trouve dans la moraine du glacier, on voit qu'elles sont, en grande partie, de brèches calcaires et de stéatites de différentes sortes.

De Bourg-Saint-Pierre au Saint-Bernard, la pierre dominante est une roche quartzeuse micacé : à-peu-près, à moitié chemin, on traverse une plaine inclinée nommée *la Proue* qui est recouverte, en grande partie, des débris des montagnes voisines : plus haut, la vallée se divise en deux branches ; celle de la gauche est large et en pente douce ; elle se termine à une arête nommée *Barasson*, semblable au faîte d'un toit. Cette arête fait la séparation entre le Vallais et la Val-d'Aoste : l'autre branche, plus étroite et plus rapide, conduit à la maison du Saint-Bernard.

§. 72. La maison du Grand-Saint-Bernard est un hospice de charité établi en faveur des voyageurs, à raison du grand froid et des grandes neiges qui y règnent presque toute l'année. Ce fut S. Bernard de la famille noble de Menthon, en Savoie, chanoine régulier, archidiacre d'Aost, qui l'établit, dans le dixième siècle et qui le gouverna pendant quarante ans, avec tout le zèle et les soins que réclame l'humanité pour des voyageurs épuisés de fatigue ou gelés de froid. Ce zèle charitable et ces soins fatigans ont continué, dans ses successeurs, jusqu'à

nos jours, et continuent encore dans le digne prévôt qui gouverne actuellement la maison et dans tous
les membres qui la composent, avec la même fer-
veur et le même dévouement pour tous les passagers,
de manière qu'on les a pris pour modèle des nouveaux établissemens, en ce genre, et qu'on les leur
a confiés.

Il faut en avoir été témoin pour s'en faire une juste
idée. Je dois, à ces Messieurs, en mon particulier,
un tribut de reconnoissance, pour toutes les bontés
qu'ils eurent pour moi, surtout après une chute sur
un glacier, où je m'étois foulé un pied et un genou.
Je profitai, avec confiance, de leur empressement
à me soulager jusqu'à ce que je pusse marcher li-
brement, et je n'en sortis que malgré eux, parce
qu'ils vouloient me retenir jusqu'à parfaite guérison.

§. 73. Aux environs de l'hospice, il y a plusieurs
montagnes de différente nature : une, calcaire, au
N-O ; une, dite la *Chenalette,* composée de beaucoup
de mica et d'un peu de quartz : une troisième, dite
Montmort composée de rocs micacés, tendres, mêlés de quartz et de grenats rouges. Je n'allai pas à
ces trois montagnes ; mais M. le prévôt et un autre
de ces Messieurs eurent la bonté de me conduire à
la cime d'une haute pyramide triangulaire dite *Pointe
de Barasson.* C'est vraiment une pointe composée de
dalles d'une espèce de gneiss minces et en désordre,

et si petite que nous ne pûmes pas nous placer des-sus. Nous nous tînmes donc autour, et j'y arrêtai mon baromètre avec assez de peine. Le résultat m'a donné 1530 toises au-dessus de la mer. De-là je mesurai, au niveau, les dents ou pyramides de Saint-Maurice : je trouvai la Dent de Chalem ou Dent du midi un peu plus haute que la pointe de Barasson, et la Dent de Morcle, un peu plus basse.

Dans une petite plaine, au bas de l'hospice du côté de l'Italie, il y a un rocher isolé dit la *Tour des Fols*. Ce rocher est composé de grandes lames de quartz pyramidales qui courent du S. S-O au N. N-E. D'autres rochers aussi pyramidaux, de même nature et de même structure, se trouvent dans le même ali-guement avec des couches d'ardoises qui séparent celles de quartz. Rien, en cela, de bien surprenant; mais ce qui surprit M. de Saussure fut de voir, entre ces rochers, d'autres couches d'ardoises et de feuil-lets quartzeux qui coupoient, à angles droits, les cou-ches de ces mêmes rochers. Ce savant croit que, vraisemblablement, on peut en attribuer la cause à des bouleversemens. Sûrement, cette cause est com-mode, mais je la crois invraisemblable et inutile : le mélange confus des matières par la débâcle, re-connu et avoué, en plusieurs endroits, par M. de Saussure, peut expliquer ce fait plus naturellement.

Environ une lieue à l'Ouest de l'hospice, un grand

rocher, dont le fond est pierre de corne avec du quartz ou jaspe à l'extérieur et dont la surface plane ou un peu ondée, en quelques endroits, a reçu, des mains de la nature, un poli si vif que l'on s'y voit comme dans un miroir. M. de Saussure penchoit à attribuer ce poli à un sable dont le rocher est, en partie, recouvert et qui, agité par les pluies et les vents, auroit pu user et polir la surface qu'il couvre ; mais, sur les observations de M. Butini, fils, il finit par regarder ce poli comme une espèce de vernis appliqué sur ces pierres par la cristallisation de matières quartzeuses. Il y a d'autres pierres polies dans les environs, mais dont le poli n'est pas si vif : j'en trouvai aussi avec ce dernier poli, au-dessus de Lens, village à deux lieues, Est de Sion, dans une fissure étroite et verticale et dont la matière polie se séparoit, en écailles, du gros de la pierre.

Vallée du Rhône entre Martigny et Saint-Maurice, avec la montagne entre Valorsine et Trient.

§. 74. Cette partie de la vallée du Rhône commence près du village de *la Bathia,* où l'on retrouve le même pétrosilex dont il est parlé, (§. 68), et qui continue pendant trois quarts de lieue, avec un mélange plus ou moins abondant de feld-spath : il devient ensuite moins feuilleté et, enfin, dans une grande confusion. Les parois du canal du Trient sont

de même nature que ce pétrosilex, mais de structure différente : elles sont coupées, en tout sens,
par des veines grandes et petites, sans qu'on puisse
distinguer s'il y en a qui soient de vraies couches :
ces veines ou fentes ne correspondent point avec
celles du dehors.

Peu après le torrent, grès poudingues, à fragmens de quartz, de granits, de roches feuilletées ;
les uns arrondis, les autres à angles vifs, avec des
fissures, les unes, à-peu-près, verticales, les autres
presqu'horizontales. Ensuite de vraies ardoises, après
lesquelles reviennent des grès semblables aux précédens. Le rocher de la Cascade est pétrosilex, mais
avec plusieurs variations dans sa structure et sa nature. Aux environs de Miville, rochers composés de
mica et de feld-spath, qui continuent jusqu'auprès
du village de Balme, mais en grains plus fins.

Derrière le village de Juviana, un groupe de
montagnes à têtes arrondies, composées d'une sorte
de granit secondaire obscur, où les élémens sont mêlés à doses fort variées.

Le calcaire commence après le torrent de Saint-
Barthelemi et continue jusqu'à Saint-Maurice. Les
deux Dents ou pyramides qui sont presque vis-à-vis
cette dernière ville, de chaque côté du Rhône, sont
aussi calcaires, du moins, en grande partie. Elles
ont entr'elles une correspondance singulière de forme

et de hauteur : elles sont escarpées contre le Rhône et élevées au-dessus de ce fleuve de 1300 toises. Elles appartiennent à la grande enceinte calcaire dont j'ai parlé, (§. 1ˀ).

Ces hautes montagnes auroient-elles été anciennement liées entr'elles par des intermédiaires de la même nature, qui auroient couvert et les primitives que nous avons observées et toute cette vallée dans laquelle coule aujourd'hui le Rhône ? Je me garderois bien de l'affirmer, mais je serois tenté de le croire, répond M. de Saussure.

Pour moi, je crois pouvoir affirmer que des matières intermédiaires lioient ces deux piramides et recouvroient, non pas les primitives qui régnent de chaque côté du Rhône, depuis Martiny, puisque ce ne sont que des débris de la grande débâcle, mais toute la vallée du Rhône, sans quoi les gros blocs des Alpes ne seroient jamais allé se placer sur le Jura, comme il sera expliqué plus au long, (§. 175).

Rive droite du Rhône.

Je n'entrerai dans aucun détail sur les montagnes de cette rive du Rhône : il suffit de savoir que, en général, elles sont de même genre, de même structure et dans le même ordre que celles de la rive gauche, à quelques petites différences près, peu intéressantes.

Montagne entre les villages de Valorsine et de Trient.

§. 75. Cette montagne commence près du col de Balme et s'allonge contre les montagnes qui bordent le Rhône, dans une suite de 3 ou 4 lieues, sur une lieue de largeur : elle est intéressante pour les matières qui la composent et plus encore pour leur situation. Sa base, au moins à l'extérieur, du côté de Valorsine, est de granit et de roches feuilletées quartzeuses, qui continuent pendant une lieue, en montant : on commence ensuite à trouver de très-gros blocs de poudingue, détachés de la montagne et réunis dans une petite plaine un peu inclinée : ces blocs donnent beaucoup de cristaux de roche : j'en trouvai plusieurs, les uns isolés, les autres en groupe : ils ne sont pas dans des fours, du moins ceux que je vis; mais ils pendent sous les blocs, auxquels ils sont attachés, comme des stalactites à la voûte d'une grotte.

En montant un peu plus haut, on trouve le lieu natal de ces grès-pondingues : c'est un schiste presque toujours violet ou rougeâtre qui enveloppe une grande quantité de cailloux, tous primitifs; les uns arrondis, les autres angulaires et de différentes grosseurs. Les couches sont très-régulières et bien suivies, avec des alternatives, pour leurs épaisseurs et pour la quantité des cailloux. Ces grès-poudingues s'étendent fort loin dans la longueur de la montagne sur une grande épaisseur : ils sont recouverts par des bancs d'ardoises, et recommencent ensuite avec des couches plus minces : les ardoises les recouvrent une seconde fois; et sur ces dernières, c'est une pierre calcaire mêlée plus ou moins de mica et de quartz, qui alterne, plusieurs fois, avec des grès mêlés aussi de quartz et de mica.

Dans la partie septentrionale de cette même montagne, il y a aussi des grès-poudingues, à-peu-près, de même nature que les précédens, mais en grandes masses, non feuilletés et de structure difficile à déterminer; ensuite roches mélangées de quartz, de mica et de calcaire; au-dessous desquelles on trouve un beau marbre mêlé de mica; et le tout, en bancs fort réguliers, dans les endroits où l'on peut les distinguer.

Voilà donc trois grandes montagnes entièrement semblables, savoir les deux qui bordent le Rhône, de chaque côté, depuis Martigny à Saint-Maurice et celle qui est à l'Orient de Valorsine : elles sont cependant séparées les unes des autres; les deux des rives du fleuve sont à une lieue de distance, entr'elles; et celle de Valorsine est à même distance de celle de la rive gauche : malgré cela, M. de Saussure, (art. 1053, p. 507; art. 1075, p. 521; art. 1079, p. 525), croit qu'elles étoient anciennement unies :

ce qui donneroit un espace de 18 lieues carrées, savoir six en longueur et trois en largeur.

Cependant ce célèbre naturaliste croit aussi que le tout a été bouleversé et redressé de la situation horizontale à la verticale. Il faut l'entendre parler lui-même sur cet article : voici comment il s'en explique, à la vue des poudingues de Valorsine, (art. 689, pag. 100). « Mais là, quel fut mon étonnement de » trouver leurs couches dans une situation verticale! » (art. 690). On comprendra, sans peine, la rai- » son de cet étonnement, si l'on considère qu'il est » impossible que ces poudingues aient été formés dans » cette situation. . . . . . qu'une pierre toute formée, » de la grosseur de la tête, se soit arrêtée au milieu » d'une paroi verticale, et ait attendu là que les » petites particules de la pierre vinssent l'envelopper, » la souder et la fixer dans cette place; c'est une » supposition absurde et impossible. Il faut donc » regarder comme une chose démontrée que ces pou- » dingues ont été formés dans une position horizon- » tale, ou, à-peu-près telle, et redressés ensuite » après leur endurcissement. Quelle est la cause qui » les a redressés? C'est ce que nous ignorons encore; » mais c'est déjà un pas, et un pas important, au » milieu de la quantité prodigieuse de couches ver- » ticales que nous rencontrons dans nos Alpes, que » d'en avoir trouvé quelques-unes, dont on soit par-

» faitement

» faitement sûr qu'elles ont été formées dans une
» situation horizontale ».

Ce n'est pas tout, ces poudingues étant enclavés
dans le milieu de la montagne, M. de Saussure en
conclud, (art. 695), que toute la masse de cette
montagne, formée originairement dans une situation
horizontale, a été redressée de la même manière et
par la même cause que les poudingues.

Bien plus, (art. 1079, p. 525), il étend ce redressement aux deux corps de montagnes qui bordent le
Rhône, depuis Martigny à Saint-Maurice, et, même,
(art. 697), aux montagnes qui sont à l'Occident de
Valorsine.

Ce seroient donc là 18 lieues carrées de montagnes
élevées, au moins, de 900 toises au-dessus de leur
sol, qui auroient fait, toutes ensemble, un quart de
conversion, en se relevant de la situation horizontale à la verticale. Mais, rien de tout cela. Je me suis
déjà expliqué, plusieurs fois, sur ces redressemens;
et je m'en tiendrois-là sur celui-ci, si je ne le voyois
pas appuyé fortement et, même, presqu'indubitable-
ment, par un savant aussi distingué et d'un aussi
grand poids, en géologie, que M. de Saussure.

Je dis donc que ce prétendu redressement, dont
il s'agit, est entièrement invraisemblable et, même,
impossible. Que l'on voie quelques montagnes écroulées et, même, renversées, en tout ou en partie, cela

I

ne surprend pas ; mais que l'on pousse l'analogie à dix – huit lieues carrées, c'est trop. D'ailleurs ces montagnes écroulées ou renversées n'ont pas conservé la régularité de leurs couches : elles ne présentent que des amas confus de toutes les matières qui les composoient : et nos poudingues, de même que toutes les autres matières qui composent nos montagnes, en question, montrent une suite, une liaison, une régularité étonnante, partout et, même, dans les couches, de l'aveu de M. de Saussure, (art. 691) : ils n'ont donc pas été renversés ; ils sont donc encore dans leur situation originaire.

Mais, dit à cela M. de Saussure, qu'une pierre toute formée de la grosseur de la tête, etc. (ici, §. précédent), sûrement se seroit-là une supposition absurde et impossible ; aussi personne ne dit que ces poudingues ont été formés de cette manière-là ; mais ils ne l'ont pas été, non plus, par la cristallisation, comme M. de Saussure voudroit le faire entendre.

Pour donc se faire une juste idée de leur formation, il faut faire attention que toutes ces montagnes ne sont que les débris de celles du haut Vallais. La grande débâcle creusa le bassin du bas Vallais ; dégrada les montagnes, en même temps ; entraîna leurs débris où nous les voyons à présent. M. de Saussure n'a aucun doute là-dessus. *Sans doute*, dit-il, (art. 2244), *ce sont ces débris qui, sous la forme de cail-*

loux, de blocs et de sable, remplissent nos vallées et nos bassins où ils sont descendus, les uns par le Vallais, les autres par la vallée d'Aoste, du côté de la Lombardie. Aussi M. de Saussure reconnoît, en plusieurs endroits, que la variété de ces roches est singulière, et qu'on n'en trouve point de pareilles dans les Alpes. (Cela n'est pas surprenant puisqu'elles sont un mélange de toutes les autres).

Or, dans une révolution aussi violente que cette débâcle dut être, qui oseroit entreprendre d'expliquer, en détail, les différentes situations que prirent les matières, les unes entraînées pêle-mêle, les autres plus légères simplement déposées ; ici, sur un sol horizontal ; là, sur des noyaux différemment inclinés ? Je ne crois pas qu'on puisse exiger ce détail d'aucun géologue ; mais, au moins, on est sûr, en général, que ces matières purent prendre toutes sortes de situations, même la verticale.

Si, dans l'espèce de débâcle que M. de Saussure vit, en 1767, entre Sallenche et Servoz, et qu'il propose comme capable d'aider à comprendre les effets de la grande débâcle ; si, dis-je, les premières matières, entraînées par le torrent, s'étoient arrêtées contre une paroi verticale, et qu'ensuite d'autres matières fussent venues se placer contre les premières et ainsi de suite, jusqu'à plusieurs reprises, il est sûr que les secondes ne seroient pas si bien unies et liées avec les précédentes, quoique de même nature, que dans chaque alluvion. On distingueroit donc chaque alluvion, on y verroit des séparations, des fissures, des veines, des bandes et des couches verticales, si l'on veut. Or, le même arrangement a dû se faire, dans la grande débâcle, où il y avoit des mouvemens périodiques, ou, du moins, alternatifs, dans les eaux ; où ces eaux charioient, par intervalles, tantôt du sable mêlé de cailloux, tantôt du sable et de la terre sans cailloux, ou toute autre matière, suivant la nature des montagnes dégradées. Voilà donc des couches originairement verticales dans l'ordre naturel des transports, sans avoir besoin de recourir à des redressemens dont on ne peut pas même imaginer la cause.

De Saint-Maurice au lac de Genève.

§. 77. Il y a, dans cet intervalle, une belle plaine de trois lieues de longueur sur une lieue de largeur, au moins ; cette plaine est presque horizontale, dans toute son étendue et, en grande partie, marécageuse, surtout aux approches du lac ; ce qui paroît prouver que le lac s'étendoit, autrefois, jusqu'à Saint-Maurice, et, peut-être, bien avant dans le Vallais.

On trouve, dans ce trajet, trois choses principales à observer, la montagne salifère de Bex, les montagnes de Saint-Tryphon et le marbre de roche.

A la montagne de Bex, on voit d'abord, à l'extérieur, de la pierre calcaire dans le gypse avec des veines de spath calcaire. Le corps de la montagne est un singulier mélange de gypse, de sable et d'argile ; et le cœur ou noyau est une pierre limoneuse ou argileuse. Il y a déjà des collines de gypse, près de la route, avant d'arriver à Bex , et cette pierre continue pendant une lieue , du côté d'Aigle : elle ne me parut que comme appuyée contre la montagne calcaire.

Avant que d'arriver à Aigle , on voit, sur la gauche de la route , deux collines calcaires qui se suivent, isolées au milieu de la plaine , escarpées tout autour, alongées dans le sens de la vallée , hautes d'environ 250 pieds. La première se nomme *Charpigny*, et l'autre , Saint-Tryphon : il y a une carrière de beau marbre noir dans cette dernière.

Près du village de Roche , on trouve un beau marbre veiné, de plusieurs couleurs, en blocs irréguliers : on le travaille sur les lieux ; il prend un beau poli, et il est d'un grand débit. Les deux suites de montagnes, de chaque côté du Rhône , toutes deux calcaires, présentent aussi, partout, beaucoup d'irrégularité. On ne voit, même , entr'elles, aucune correspondance, ni entre les vallées voisines. *Elles paroissent avoir été tourmentées par des causes violentes , dit M. de Saussure, (art. 1095), parce que de simples affaissemens ne suffisent pas pour rendre raison de toutes leurs formes.* On ne doit pas en être surpris, car elles se trouvent au confluent de deux courans extrêmement grands et violens, celui de la vallée du Rhône et celui de la vallée des lacs de Bienne, de Morat et de Neuchâtel.

Depuis le Petit-Saint-Bernard, aux plaines de la Lombardie, par la cité d'Aoste.

§. 78. Cet article est, en entier, de M. de Saussure, (art. 956 jusqu'à 982, et 2228 jusqu'à 2236.) J'y distinguerai trois objets principaux ; les pierres calcaires grenues, le chemin de Mont-Jovet et les collines de la lisière méridionale des Alpes.

M. de Saussure donna une attention particulière aux calcaires grenues, dans son voyage au Mont-Cervin. Il en trouva beaucoup depuis Scèz, jusqu'à la cité d'Aoste ; trajet, dit-il, *où nous voyageâmes presque continuellement entre des montagnes de pierres calcaire grenues ;* et (art. 915 et 2233) il nous dit que le Cramont en est aussi composé. Voilà des faits auxquels il n'y a rien à dire ; mais son explication n'est pas si claire ; car il attribue ces pierres à la cristallisation. (Art. 2227, pag. 394) où il dit, *leur texture grenue prouve qu'elles ont été formées par une espèce de cristallisation ;* et (art. 915) il dit celles du Cramont sont confusément cristallisées. Si, par une espèce de cristallisation, et par cristallisation con-

fuse, cet infatigable observateur entend la réunion
des grains et leur liaison par un ciment quelconque,
comme dans les grès vitrifiables, nous sommes d'accord ; je regarde, en effet, ces pierres grenues comme de vrais grès calcaires dont les élémens ont
été roulés, arrondis, réunis et liés ensemble par la
grande débâcle. Tout semble l'indiquer ; car ces pierres grenues sont mêlées avec beaucoup d'autres matières, évidemment, transportées ; mais, si on vou-
loit l'entendre autrement, je n'entrerois pas dans
une plus longue discussion, pour un objet déjà assez
prouvé d'ailleurs.

A une heure de Châtillon, en allant à Ivrée, on
trouve le chemin dit, *de Mont-Jovet*, du nom du
village où il conduit. Je rapporterai, mot-à-mot,
ce qu'en dit M. de Saussure, (art. 965) « c'est un
» chemin taillé de main d'homme dans le roc vif,
» à une hauteur considérable au-dessus de la riviè-
» re..... Ouvrage intéressant pour le naturaliste,
» aux yeux duquel il met à découvert la nature et
» la structure intérieure d'une montagne digne de
» toute son attention. Cette montagne est compo-
» sée d'alternatives continuelles de stéatites, de ro-
» ches de corne, de schorl, de grenats et d'une ro-
» che mélangée de quartz, de mica et de pierre cal-
» caire. Les couches de la plupart de ces différens
» genres de roches superposées les unes aux au-

» tres, montent au S-E sous des angles de 25 à 30
» degrés; il y en a cependant et des verticales et de,
» tout-à-fait, horizontales......... Les exemples de,
» changemens, aussi variés et aussi répétés, sont in-
» finiment rares; c'est, du moins, le seul que j'aie
» vu d'une aussi grande étendue.

    » Et (art. 967), ce mélange répété de substances
» regardées comme primitives, avec celles qui pas-
» sent pour secondaires, prouve que l'on s'est trop
» hâté, de poser des limites précises entre ces deux
» genres. Car voilà le quartz, le schorl et le mica,
» qui sont, généralement, considérés comme propres
» aux primitives, mêlés avec la pierre calcaire qui
» est la matière la plus générale des secondaires, et,
» ce mélange est répété et varié sous toutes sortes de,
» formes. Ici, c'est une seule et même couche qui,
» renferme tous ces principes; là, ce sont des cou-
» ches de nature différente superposées les unes aux
» autres, sans aucun respect pour les lois établies;
» des couches de schorl pur, sur des couches d'un
» rocher mélangé de matière calcaire, et cela à plu-
» sieurs reprises et dans une étendue de près de
» 3000 toises; ce qui exclut, absolument, l'idée d'un
» cas purement accidentel. Quant à la situation de,
» ces roches..... on peut dire, qu'en générale,
» elle approche beaucoup de celle que leur donna la
» nature, au moment de leur formation.

M. de Saussure voulant se convaincre, par lui-
même, d'un fait très-important, savoir si on trou-
voit, dans les collines et les plaines adjacentes aux
Alpes du côté méridional, des rochers adventifs,
étrangers au sol qui les porte, comme on en trouve
du côté septentrional, continua son voyage d'Yvrée
jusqu'à Cavaglia. Dans ce dernier trajet, il traversa
plusieurs collines parsemées et, même, à ce qu'il paroît, composées intérieurement de blocs et de débris
roulés de divers genres, principalement, de ceux qu'on
nomme primitifs, savoir de grandes masses de granits; de roches feuilletées, de roches de corne, toutes sans adhérence avec le sol qui les portoit; mais
reposant sur des amas de sable, de gravier, de cailloux arrondis et, manifestement, chariés et entassés
par les eaux.

Nous allons voir, dans le canton suivant, qu'il se
trouve aussi, dans les plaines septentrionales des Alpes, des collines formées comme les précédentes
et composées de matières semblables, chariées, également, par des courans impétueux; d'où il suit que
lors de la grande débâcle, les eaux se versèrent,
avec une égale furie, des deux côtés de cette chaîne.

SECOND CANTON.

Les plaines des lacs de Genève, de Neuchatel, de Morat et de Bienne, avec le cours de l'Aar jusqu'au Rhin, et le revers oriental de la haute chaîne du Jura qui domine la Suisse.

Dimension de la plaine et du lac de Genève, et nature du fond.

§. 79. L_E lac de Genève, ou lac *Léman*, est situé au milieu d'une belle vallée qui sépare les Alpes du Mont-Jura, sur la longueur de 18 lieues, depuis Villeneuve jusqu'au Mont-de-Sion, et sur 5 à 6 lieues de large.

Le lac n'a que 15 lieues de long, et $3\frac{1}{4}$ dans sa plus grande largeur qui est entre Rolle et Thonon.

Les bords du lac sont du sable, du gravier, et des cailloux roulés ou libres et roulans, ou en grès et en poudingues. Le fond est une vase très-fine presqu'impalpable. Il y a beaucoup de blocs très-gros dans le lac, les uns cachés par les eaux, les autres qui paroissent au-dessus ; mais tous sont étrangers et n'adhérent point au fond ; ce sont des granits, des roches de corne, des roches feuilletées ou autres matières alpines.

Le sol le plus commun de la vallée, à une certaine profondeur, est un grès, à bancs presqu'horizontaux; les plus durs retiennent le nom de grès; les autres s'appellent *molasse,* et se détruisent plus facilement : il y a cependant des molasses, comme celle de Lausanne, qui sont presqu'indestructibles.

Structure et nature de quelques monticules qui se trouvent dans la plaine de Genève.

La colline, à droite du lac et appuyée contre le Jura, est fort longue et élevée de 250 toises au-dessus du lac : son pied est planté de beaux vignobles qui prennent le nom de *la côte :* elle est entièrement composée de sable, d'argile et de cailloux roulés. La colline, sur laquelle Genève est bâtie, et toutes celles des environs, sont aussi composées de sable, de gravier, d'argile, de cailloux roulés et arrondis, à couches presqu'horizontales. La variété des cailloux est presqu'innombrable; ils sont confondus sans ordre; leurs couches sont entremêlées de lits de sable et d'argile : il y en a qui sont libres et roulans, d'autres sont réunis en poudingues. Parmi toutes ces matières, on trouve, en quelques endroits, du gypse, de la terre bitumineuse et du charbon de pierre. Toutes ces collines sont alongées parallèlement à la vallée. La plus haute n'a que 418 pieds au-dessus du lac.

La côte orientale du lac, depuis la Tour-Ronde

jusqu'à Genève, est bordée de collines de grés ou de cailloux roulés, parmi lesquels on trouve des gros blocs roulés de granit et d'autres pierres alpines, surtout, à la colline de Saint-Paul et aux environs de Thonon.

Nature du sol et des montagnes du bas Faucigny.

§. 80. Le sol et les petites collines du bas Faucigny, depuis Genève jusqu'à Cluse, sont, presqu'entièrement, composées de sable, d'argile, de grés et de cailloux roulés : on y voit aussi des gros blocs de pierres primitives. A deux lieues et demie de Genève, la Menoge a creusé, dans ces débris, à près de cent pieds de profondeur, une ravine dont les bords ne se ressemblent pas ; sur la gauche, ce sont de gros cailloux roulés, entassés par bancs très-épais, et entremêlés de sable ; l'autre côté n'est que sable et argile : savoir si cette dissemblance s'étend bien loin. Dans le même intervalle, les montagnes sont irrégulières, isolées les unes des autres, escarpées, lavées, sillonnées par les eaux, et alongées dans le sens des courans. Les plus proches du lac sont composées de grés plus ou moins dur : on voit des carrières de pierres à chaux, à celles de Boisy et des Voirons. Les salèves et le môle sont calcaires. Une partie du haut du grand Salève est chargé d'un sable blanc, de plusieurs pieds d'épaisseur ; et il y en a un grand rocher converti en grès, sur les derrières de la montagne.

§. 81. Mais ce qui est encore plus intéressant, pour la géologie, ce sont de grands blocs, très-fréquens et très-considérables de pierres alpines, dispersés jusqu'à la sommité de ces montagnes isolées. Ces blocs sont étrangers à ces montagnes, et ne tiennent au sol que par leur poids. On en trouve beaucoup sur le grand et le petit Salève, jusqu'à la hauteur de 460 toises au-dessus du lac : il y en a aussi grand nombre sur les coteaux de Montoux, de Boisy et sur ceux des environs. Plusieurs ont jusqu'à 2 ou 300 toises cubes; mais le plus grand nommé *Pierre à Martin*, se voit sur le coteau de Boisy : il a 26 pieds de longueur, 18 de largeur et 22 de hauteur. C'est une roche de corne, à angles émoussés, mêlée de stéatite, de mica et de quartz.

M. de Saussure, (art. 301), regarde comme difficile à comprendre, la formation de ces montagnes et de ces collines isolées les unes des autres. Pour moi, je les crois faciles à expliquer par la grande débâcle ; il est certain, en effet, qu'avant cette révolution, tout le terrain du bas Faucigny étoit comblé, au moins, à la hauteur de la sommité du grand Salève, sans quoi les gros blocs, qui y sont, n'y seroient jamais allé. Ce terrain se trouva au confluent de trois grands et violens courans, celui de l'Arve,

celui du Rhône et celui de Neuchatel (1) qui le creusèrent, en entraînèrent les débris et laissèrent ces
montagnes isolées comme témoins de leur opération.
C'est par la même raison que l'on voit des montagnes arrondies, à l'issue de, presque, toutes les
grandes vallées.

Mais revenons à nos gros blocs des Alpes. La face
orientale du Jura en est, pour ainsi dire, toute couverte, depuis le fort de l'Ecluse jusqu'au Rhin,
soixante lieues de longueur. Ils ne sont pas cependant réunis, partout, en même quantité : les endroits
où j'en ai vu, le plus, sont les environs de la Saara,
entre Morge et Jougne ; les environs de Sainte-
Croix ; les plateaux au-dessus de Grançon, presqu'à
la sommité de la montagne, 350 toises au-dessus du
lac de Neuchatel ; un bois au-dessus de Landeron,
N–O de Linières, en montant à la Chasserale ; à une
lieue Ouest de Soleure. Ces endroits sont vis-à-vis
de grandes vallées des Alpes, par où ces blocs sont
venus en plus grande abondance ; mais il y en a aussi
dans les intervalles qui les séparent.

Ces gros blocs sont plus ou moins arrondis ; ils
ont, du moins, les angles émoussés. J'en ai vu un
très-gros, environ 100 toises au-dessus de Bienne,

----

(1) Les eaux de ce dernier ne se dirigèrent au Rhin,
que quand elles furent plus basses que le Jorat.

de forme ovale, et bien poli; son grand diamètre étoit, au moins, de 9 à 10 pieds, et son petit de 6 à 7.

Il est aussi essentiel de remarquer que toutes ces matières alpines, sont, au moins, à 12 ou 15 lieues de leurs pays natal, et qu'elles en sont séparées, à présent, par plusieurs vallées larges et profondes.

Quant à leur nature, voici ce qu'en dit M. de Saussure, (art. 206). « On verra que le plus grand
» nombre de ces cailloux et de ces rochers, est de
» granit, de roches feuilletées et d'autres pierres al-
» pines et primitives; tandis que le fond, sur lequel
» ils ont été déposés, est de pierre calcaire ou de
» grès et, par conséquent, d'une nature absolu-
» ment différente. On observera que ces cailloux et
» ces grands fragmens ne se rencontrent jamais qu'à
» la surface des bancs de pierre calcaire ou des grès,
» et que ces mêmes bancs n'en contiennent pas la
» moindre parcelle dans leur intérieur; qu'au con-
» traire, si l'on compare chacune de ces pierres avec
» celles dont on trouve des montagnes dans les Al-
» pes, on les reconnoît, au point de pouvoir pres-
» qu'assigner le rocher dont elles ont été détachées.
» On remarquera qu'elles n'ont aucune adhérence
» avec le sol sur lequel elles ont été jetées, aucune
» ressemblance avec la terre qui les entoure; que le
» même sol en porte de qualités totalement diffé-
» rentes; et qu'enfin, on n'en trouve point sur le

» revers du Jura, mais seulement sur celle de ses
» faces qui regarde les Alpes. Après avoir pesé ces
» considérations, on ne pourra pas s'empêcher de
» reconnoître que ces fragmens n'ont point été for-
» més dans notre vallée, ni sur les montagnes qui la
» bordent; mais que ce sont des corps étrangers,
» adventifs, arrachés des Alpes leur pays natal, par
» un agent puissant qui les a transportés et entassés
» confusément ».

LE JORAT.

§. 82. Le Jorat est une montagne ou colline qui,
joignant le Jura aux Alpes, sépare les plaines du
lac de Genève de celles du lac de Neuchatel. Il s'é-
tend depuis le village de la Sarra jusqu'à la Veveyse.
Son revers septentrional verse ses eaux dans la Broye,
avec laquelle elles traversent les lacs de Morat et de
Bienne, vont se joindre à l'Aar, et avec lui au Rhin
et à l'Océan. Les eaux de son revers méridional coulent dans le lac de Genève, et vont, avec le Rhône,
se jeter dans la Méditerranée. Il paroît, en entier,
composé de grès, mais parsemé, jusqu'à son sommet, de blocs de granit, de roches feuilletées et d'autres fragmens des Alpes. Sa plus grande hauteur est
de 270 toises au-dessus du lac de Genève. On voit
qu'il ne faut pas le confondre avec le Jura. Il n'y a
que les noms qui se rapprochent.

Plaines

Plaines des lacs de Neuchatel , de Bienne et de Mo-
rat , avec les collines qui sont au levant.

§. 83. Il ne paroît pas douteux que les plaines
horizontales et très-marécageuses qui environnent
ces trois lacs , et actuellement encore peu élevées
au-dessus de leur niveau , n'aient été couvertes de
leurs eaux , et qu'alors elles n'aient fait qu'un seul
et très-grand lac qui s'étendoit, au S-O , jusqu'aux
Entre-roches, pas loin de la Sarra.

Il existe deux autres témoins qui déposent que le
niveau de ce lac s'élevoit de 45 à 50 toises plus
haut que celui du lac actuel de Neuchatel. Ce sont
deux suites *horizontales* de cailloux roulés , posées
sur le revers oriental du Jura et qui paroissent avoir
été les bords d'un lac ; l'une, au-dessus de Grançon,
réunie en poudingues très-durs ; l'autre, au-dessus de
Bienne. Je n'ai eu occasion de voir que ces deux-là :
peut-être y en a-t-il d'autres intermédiaires ; en sorte
qu'à l'Est , ce grand lac auroit comprit ceux de
Thun et de Lucerne.

Ce qui donne encore beaucoup de vraisemblance
à cette conjecture, c'est que dans tout cet espace ,
les plaines et les collines paroissent avoir été un
fond de lac. On n'y trouve, jusqu'à une grande profondeur, que des sables , des argiles , des grès , des
cailloux roulés et arrondis , la plupart, fort petits ,

K

et , de plus , la Sana , depuis Bulle , Fribourg , jusqu'à l'Aar , et l'Aar lui-même , depuis le dessus de Berne , roulent leurs eaux dans des canaux creusés , souvent , à plus de 26 toises de profondeur.

Il pourroit , même , bien se faire què ce lac eut été réuni à celui de Genève ; car la plus grande élévation du Jorat , est à la vérité de 270 toises au-dessus du lac de Genève , comme je viens de le dire , (§. 82) ; mais il y a plusieurs points de la sommité de cette montagne qui sont beaucoup plus bas. J'en ai mesuré un qui fait la séparation des eaux entre les lacs actuels de Neuchatel et de Genève , qui n'est élevé , au-dessus de ce dernier , que de 178 toises , et qui auroit été par conséquent plus bas , de 7 à 8 toises , que le niveau du grand lac dont il s'agit. Ce grand lac auroit donc communiqué avec celui de Genève ; et , alors , il auroit remonté , dans le Vallais , jusqu'aux marais qui sont au-dessus de *Grange* , vis-à-vis *Sider* ou *Sierre*.

———————

TROISIÈME CANTON.

Le Jura, depuis la perte du Rhône, à l'Est; et depuis Céysériat, village près de Bourg-en-Bresse, à
l'Ouest, jusqu'au Rhin, avec les montagnes entre
le Doubs et la Saône, qui sont une dépendance du
Jura.

Structure du Jura (1).

§. 84. Le Jura est une chaîne ou un corps de
montagnes, en amphithéâtre, sur 60 lieues de longueur et 12 à 14 dans sa plus grande largeur. Il est
dirigé, à-peu-près, du N-E au S-O comme les Alpes qui l'avoisinent. Cette chaîne ou corps de montagne est divisée en six chaînons principaux parallèles entr'eux et à toute la masse.

Le premier et le plus haut chaînon domine sur la
Suisse, et s'étend depuis le Fort de l'Ecluse jusqu'au
Rhin. Ses plus hautes sommités sont au S-O : elles
se soutiennent, pendant 12 à 14 lieues, à 860 toises
au-dessus de la mer et à 650 au-dessus de leur pied
oriental : elles s'abaissent ensuite, continuellement,

(1) J'ai déjà mis cet article, en grande partie, dans mon
Traité du Baromètre portatif; mais c'est ici, principalement,
sa place.

K 2

jusqu'au Rhin : leur face orientale est fort rapide, dans toute sa longueur : on y voit quatre à cinq échancrures fort profondes. Les autres chaînons s'abaissent par degrés, à mesure qu'ils s'éloignent des Alpes et vont mourir dans des plaines. Cette structure paroît dire que le Jura étoit, autrefois, réuni aux Alpes, quoiqu'à présent, il en soit séparé par une vallée de plusieurs lieues de largeur. La raison de cela, dit M. de Saussure, (art. 330), c'est qu'ordinairement, les plus hautes sommités d'un corps de montagnes se trouvent, sinon précisément au centre, au moins dans l'intérieur et *jamais à un de ses bords, à moins que quelque cause locale n'ait rongé ou détruit les chaînes extérieures. Or, dans le Jura, tous les sommets les plus exhaussés sont sur la lisière la plus voisine des Alpes,* comme on vient de dire.

Le second chaînon commence à deux lieues, Nord, de Chatillon de Michaille, passe par les montagnes de Saint-Claude; par le Rizoux, montagne à gauche de la vallée de Joux ; suit la droite du Doubs jusqu'au coude de cette rivière près de Saint-Ursane et continue jusqu'au Rhin. Ce chaînon est coupé profondément en trois ou quatre endroits; il y a beaucoup d'enfoncemens de chaque côté : ses plus hautes sommités se soutiennent à 600 et 650 toises au-dessus de la mer, jusqu'à la montagne dite *Stierberg,* pendant 45 à 50 lieues : elles s'abaissent ensuite jusqu'au Rhin.

Le troisième chaînon peut se prendre à la montagne d'Avignon, près de Saint-Claude ; il continue jusqu'au coude du Doubs, en suivant la rive gauche de cette rivière : il est coupé, par le Doubs, près de Pontarlier, au moins pendant une lieue : ses plus hautes sommités se soutiennent à 500 et 530 toises au-dessus de la mer, sur toute sa longueur, 30 à 35 lieues.

Le quatrième chaînon commence au confluent de l'Ain et de la Bienne, près de Conde, et continue jusqu'à Saint-Hyppolitte, au confluent du Doubs et du Desoubre. On y trouve quelques suites de montagnes assez longues et bien marquées ; mais elles sont séparées par de grandes plaines, surtout, au-dessus d'Ornans et de Willafans. Ces plaines sont presque de niveau, dans toute leur surface. Les plus hautes sommités de ce chaînon se trouvent, à-peu-près, sur une ligne droite, depuis Estival, 4 lieues Nord de Moirans, jusqu'à Saint-Hyppolitte, c'est-à-dire, pendant 20 à 25 lieues ; elles se soutiennent dans ce trajet, à 400 toises au-dessus de la mer ; mais les autres sommités, au Sud d'Estival, s'abaissent en suivant la pente des rivières.

Le cinquième chaînon commence au confluent de la Valouse et de l'Ain : il suit la droite de cette dernière rivière jusqu'auprès du pont du Navois, et continue jusqu'à Cernans, au-dessus de Salins : il est en-

'core plus coupé, par des plaines presqu'horizontales, que le précédent : ses plus hautes sommités sont à 300 et 350 toises au-dessus de la mer.

Le sixième chaînon, qui est le plus bas du Jura, s'étend depuis Céysériat, village près de Bourg-en-Bresse, jusqu'à Bâle, en passant au-dessus de Saint-Amour, de Lons-le-Saunier, Salins, Besançon, Baume, Pont-de-Roide et Porentrui : sa plus haute sommité se nomme le *Haut des Tronchats*, à 3 lieues Est de Porentrui, 500 toises au-dessus de la mer. Depuis ce point, les autres sommités diminuent des deux côtés, selon le cours des rivières : il n'y a pas grande différence depuis la montagne de Saint-Ursane jusqu'à la sommité de Roche-d'Or, lieu dit *Faudanson*, d'où elles s'abaissent un peu plus jusqu'au Grand-Crosey ; mais, depuis ce dernier endroit jusqu'à l'extrémité S-O du chaînon, pendant 35 à 40 lieues, les hautes sommités sont à-peu-près de niveau entr'elles, sur 260 ou 280 toises d'élévation au-dessus de la mer ; excepté quatre qui sont plus hautes, savoir : les roches de Montfaucon qui ont 308 ; Poupet, près de Salins, 432 ; le plus haut de la montagne entre Arbois et Poligny, 310 ; la montagne de Pouillat 4 lieues, Sud de Saint-Amour, 363. Dans tous ces chaînons, surtout, dans les plus hauts, il y a des replats presqu'horizontaux, sur les revers, et qui sont de niveau de chaque côté d'une même vallée. La sommité d'un chaînon inférieur est ordinairement de niveau avec un replat du précédent.

Les montagnes entre le Doubs et l'Oignon, sont, la plupart, aussi élevées que celles du dernier chaînon, dont elles ne sont séparées que par le Doubs; c'est pourquoi je les regarde comme une dépendance du Jura. Elles ne forment qu'un chaînon qui s'étend depuis Belfort jusqu'à Dole.

Les montagnes entre l'Oignon et la Saône paroissent aussi une continuation du Jura : elles ne sont séparées des précédentes que par l'Oignon. Elles s'étendent depuis Saint-Remy et Montdoré jusqu'à Pesme. Les plus hautes approchent 235 toises au-dessus de la mer, les plus basses ne vont guère qu'à 190 : et ces dernières 85 au-dessus de la Saône.

Il est à remarquer que cette dépendance du Jura qui s'étend, en largeur, sept à huit lieues, au-dessous du sixième chaînon, finit à la Loue, entre Dole et Salins. Depuis-là, les plaines de la Saône s'étendent jusqu'au pied de ce chaînon, et continuent jusqu'à son extrémité S-O.

§. 85. On peut dire, en général, que, dans les montagnes du Jura, les couches s'élèvent de chaque côté, en s'appuyant contre le centre; en sorte, que, quand le sommet est fort étroit, sans escarpement ni d'un côté, ni de l'autre, les couches y forment un angle aigu.

Si le sommet est large, les couches y forment
une ligne plus ou moins courbe, selon la largeur ; et,
même, une ligne horizontale, s'il y a un grand plateau. Si le sommet est escarpé d'un côté, on voit
les sommités des couches opposées qui descendent
de l'autre côté. Quand il y a des replats sur le revers d'une montagne, les couches y sont, presque
toujours, horizontales et interrompent les ascen-
dantes.

On voit cette structure, très-sensiblement, aux
extrémités des chaînes qui ont été coupées sur leur
largeur, comme à Besançon de chaque côté de la
citadelle ; au Levant du village de la Cluse, près de
Pontarlier ; au Nord du village de Chamfromier,
2 ou 3 lieues de la perte du Rhône ; dans sept à
huit montagnes de la ci-devant principauté de Porentrui, coupées par la Birce, surtout près de Cours,
entre la vallée de Tavanne et celle de Moutier-Grand-
Val. La face coupée présente plusieurs demi-cercles,
en forme de voûte, ou du moins des arcs de cercle qui, de chaque côté de l'escarpement, sont appuyés contre le centre de la montagne, et qui semble tendre à se réunir plus haut que son sommet.

M. de Saussure, (art. 332), regarde la situation
de ces couches, comme de la *plus haute importance*
pour la théorie de la terre ; mais il est à remarquer
que ces couches, ces arcs de cercle sont dans des

matières de seconde formation. Celles de Chamfromier sont dans une montagne, au pied du Jura, entièrement formée de ses débris : celles de Moutier-
Grand-Val sont au sommet, dans l'écorce de la montagne : les arcs naissans de la citadelle de Besançon
et ceux de la Cluse, sont sur les revers extérieurs
de la montagne, formés aussi de débris ; en sorte
que la situation de ces couches, et on peut dire de
toutes les autres, ne dit rien pour la théorie ni pour
la première formation de la terre ; puisque ces couches n'existent que depuis la grande débâcle qui a
changé entièrement la surface de la terre, comme
il sera expliqué dans la troisième partie de cet ouvrage.

Une preuve de tout cela, c'est que, dans les mêmes
montagnes, on ne voit point de ces arcs, plus bas
que les matières transportées et déposées, ni près
du milieu ou du cœur de la montagne ; à moins que
la montagne ne soit entièrement composée de débris comme celle de Chamfromier ; mais ce sont des
bancs perpendiculaires à l'horizon qui occupent le
centre. Il y a une suite fort large de ces bancs, de
chaque côté de la Birce, plus bas que Cours, qui se
correspondent si exactement qu'ils semblent avoir été
sciés : ils paroissent inclinés, des deux côtés, contre
la longueur de la chaîne, parce qu'ayant été coupés
avec la montagne, ils sont plus évasés dans le dessus

que près de la rivière. J'ai vu aussi de ces bancs verticaux dans le centre de plusieurs autres montagnes
coupées ou excavées profondément, comme dans le
lit du Doubs, près de la Grande-Combe-des-Bois ;
aux Entre-Portes, près de Pontarlier, etc.

Un autre fait qui me paroît encore plus intéressant
pour la géologie, c'est que le Jura, qui est entre les
Alpes et les Vosges, tient aussi un milieu entre les
hauteurs de ces montagnes. Les plus hautes sommités du Jura sont plus basses d'environ 45 toises que
la première chaîne des Alpes ; et, à-peu-près, plus
élevées, de la même quantité, que les plus hautes
montagnes des Vosges.

Et, de plus, les sommités des environs de Dijon,
sont, à-peu-près, de niveau avec celles des environs
de Besançon, séparées cependant par la vallée de la
Saône, et à distance de 20 à 23 lieues. La sommité
dite *Tasselot* près de Dijon, 310 toises au-dessus de
la mer ; *les roches de Montfaucon*, près de Besançon,
308 toises : et, les deux chaînes, dont ces deux sommités font parties, sont aussi, entr'elles, presque de niveau, dans leurs autres points correspondans, de chaque côté de la Saône, au S-O de Dijon et de Besançon.
Leurs escarpemens, très-fréquens et considérables,
se regardent et sont tournés contre la Saône, de
chaque côté ; c'est-à-dire, qu'ils ont été formés par
un courant qui remplissoit toute cette large vallée,

et qui étoit encore plus élevé que leurs plus hautes sommités. Ce fait, très-commun dans le Jura, commence dès le premier chaîron dont les escarpemens sont tournés contre la vallée du lac de Genève, et contre ceux du Salève et des autres montagnes de la rive orientale.

Quand on ne voit des escarpemens que d'un côté d'une vallée, ordinairement l'autre côté a été entiérement ou presqu'entiérement détruit ; comme près de Pontarlier, où la chaîne orientale a de grands escarpemens, surtout à l'endroit dit *les Miroirs* ; et la chaîne occidentale n'en a point ou peu ; aussi cette dernière est fort abaissée près de Dommartin et de Chaffoy, et presqu'entiérement détruite depuis Chaffoy jusqu'à Cuvier et Censeau, pendant 4 à 5 lieues. Il en est, à-peu-près, de même près de la Chapelle-des-Bois, et en bien d'autres endroits.

Tout cet ensemble n'a-t-il pas quelque chose de frappant ? Cette direction parallèle de trois grands corps de montagnes, les Alpes, les Vosges et le Jura ; leur pente presqu'insensible depuis les Alpes jusqu'à l'Océan ; ce niveau que chaque chaînon du Jura conserve avec lui-même, sur 20 à 30 lieues de longueur ; ce niveau que deux chaînes de montagnes séparées par une vallée de 12 à 15 lieues de largeur, conservent entr'elles sur une longueur de 25 lieues avec des escarpemens qui se regardent. Tout cela, dis-je, ne nous montre-t-il pas quelque chose de grand, pour la théorie de la surface de la terre ? et ne nous annonce-t-il pas une cause bien plus régulière, et beaucoup au-dessus de la force des courans de la mer et des rivières de la terre ?

Les vallées du Jura.

§. 86. Les chaînons du Jura sont séparés par des vallées dirigées dans le même sens qu'eux, et qu'on peut appeler *longitudinales*, parce qu'elles suivent la masse de la montagne du Jura, dans sa longueur. Je n'y connois que trois grandes vallées *transversales* : 1°. Celle de la Loue ; on pourroit la faire remonter jusqu'à Valorbe ; mais elle n'est pas si bien marquée depuis Jougne, jusqu'à la source de la Loue, que depuis cette source jusqu'à Quingey ; 2°. Celle de Motiers-Travers, que l'on pourroit continuer depuis les roches de Saint-Sulpice jusqu'à Pontarlier ; 3°. Celle d'une partie du Doubs, depuis le coude de cette rivière, jusqu'à Montbéliard. On en trouve quelques autres petites, formées par des circonstances locales. Il y a beaucoup de vallées obliques, tout le long du sixième chaînon, qui le coupent en se dirigeant au S. S-O, et qui font un angle d'environ 25 degrés, avec la vallée de la Saône : il y en a aussi des pareilles et pareillement dirigées, au pied des montagnes que j'ai appelées une dépendance du Jura.

Dégradation extérieure du Jura.

§. 87. Les vallées et les échancrures, ayant été creusées dans le corps de la montagne, en sont déjà une grande dégradation; mais, de plus, les sommités des montagnes particulières ont été abattues. On en voit, en bien des endroits, des témoins irréprochables : ces naissances d'arcs, de chaque côté d'une montagne, qui tendent à se réunir bien plus haut que le sommet actuel, (§. 85), ne disent-elles pas que le bord supérieur de l'arc a été détruit? Ajoutez les éboulemens si fréquens et si considérables dans les hautes montagnes et leurs débris journaliers qui augmentent continuellement les talus formés à leur pied : tout cela ne prouve-t-il pas que les montagnes ne sont plus dans leur premier état?

Dégradation intérieure du Jura.

§. 88. Tout le Jura est percé de gouffres très-profonds, remplis d'eau; ou d'abîmes qui en ont reçu, autrefois; ou d'entonnoirs qui reçoivent celles des pluies et des fontes des neiges : il y a des suites de ces entonnoirs, sur une demi-lieue de long et quelquefois davantage : j'en ai vu trois rangs parallèles, sur cette longueur, dans une vallée de la ci-devant principauté de Porentrui. Toutes ces eaux circulant dans l'intérieur du Jura, ont entraîné, entraînent encore les matières les plus détachées, minent les piliers qui soutiennent des voûtes ; de-là tant de cavernes et de grottes, tant d'enfoncemens qui se font tous les jours, tant de lacs et de rivières souterrains qui fournissent des sources abondantes et continuelles, ou des torrens périodiques et violens. Parmi le grand nombre de ces agens destructifs, je ne citerai que quelques-uns des principaux. Sur le bord du lit du Doubs creusé à 300 toises de profondeur, j'ai vu, dans l'espace de deux à trois lieues, quatre à cinq grandes cavernes enfoncées d'environ cent pieds dans la montagne sur cinq à six toises de largeur et autant de hauteur, remplies des débris que les eaux avoient amenés, par intervalles, de l'intérieur de la montagne, et que les eaux du Doubs avoient étendus ensuite dans son lit.

Près de Vesoul, il y a un torrent nommé le *Frais-Puits*, qui, dans les grandes inondations, donne de l'eau avec tant d'abondance qu'il inonde la prairie, cependant fort spacieuse, jusqu'à trois à quatre pieds de hauteur. J'en donnai la description dans le *Journal de Physique*, en 1787. On pourroit citer aussi le puits de la Brême près d'Ornans, le Créugenat près de Porentrui, un pareil près de la Saara, etc. etc. A la vue de toutes ces dégradations intérieures et extérieures, ne peut-on pas dire que si le Jura existoit depuis des milliers d'années, il y auroit long-temps qu'il ne seroit plus montagne, ou du moins que la plupart de ses vallées seroient déjà comblées des débris des hautes montagnes?

Nature du Jura.

§. 89. Tout le Jura est calcaire; il y a cependant une différence entre les pierres des hautes montagnes et celles des dernières collines et des plaines. On donne le nom de roche aux premières; cette roche est d'un grain fin et comme d'une seule pâte durcie : il est difficile de la travailler régulièrement, parce qu'elle saute en éclats. Partout où j'ai trouvé des creusages profonds, j'ai vu que cette roche faisoit le fond des hautes chaînes du Jura. On n'y trouve point de coquillages ni d'autres corps étrangers. Ceux que l'on voit dans ces montagnes, sont dans des matières qui les recouvrent, particulièrement dans des glaises et des marnes. Ces matières qu'on appelle la *couverture*, l'*écorce*, le *manteau* de la terre, sont sensiblement différentes du corps de la montagne : il y en a qui sont en morceaux séparés, mêlés avec de la terre; d'autres sont des grès calcaires, ou des graviers liés par un ciment calcaire. J'ai vu, en plusieurs endroits, ces grès et, plus encore, ces graviers, recouvrir les sommets des plus hauts chaînons, quelque-

fois à 50 ou 60 pieds de profondeur. On trouve cependant aussi, en bien des endroits, dans ces grandes
montagnes, de la pierre de taille, en bancs horizontaux, mais qui ne s'étendent pas loin, excepté dans
des collines formées de dépôts; et, partout, cette
sorte de pierre est étrangère au fond des grandes
montagnes.

Les pierres des collines les plus basses et des plaines
sont ordinairement par bancs presqu'horizontaux. La
plus grande partie renferme des coquillages, la plupart, cassés, brisés, et comme empâtés avec la matière pierreuse. On les appelle pierres de taille, parce
qu'on peut les travailler régulièrement : plusieurs
même prennent un assez beau poli. Il se trouve aussi,
dans ces collines, des pierres marneuses et gelisses.

§. 90. Le Jura a ses cailloux roulés et ses gros
blocs calcaires, arrondis par le transport, comme
les Alpes ont les leurs. Dans la partie montagneuse,
les rivières roulent, souvent, leurs eaux dans des lits
creusés profondément dans des cailloux roulés qui
s'étendent dans les plaines voisines, où ils forment
des collines ou des monticules isolés. Des plaines,
qui forment le fond de certaines vallées, en sont
aussi recouvertes, quoiqu'il n'y ait point de rivière.
La chaux d'Ailly, proche Pontarlier, grande plaine
de trois lieues de longueur sur une de largeur, en est
composée en grande partie ; mais ce qu'il y a de plus
remarquable,

remarquable, c'est une butte, près de la ville, toute différente de la plaine. Cette butte, d'un quart de lieue de longueur, au plus ; de 10 à 12 toises de largeur, et de 12 à 15 pieds au-dessus du niveau de la plaine, est composée d'un beau sable fin calcaire qui renferme de gros blocs calcaires arrondis ; elle paroît être le reste d'un plateau qui s'étendoit plus loin, et qui a été détruit par les eaux. J'ai vu deux montagnes composées du même sable avec des blocs pareils ; une, près de Champagnolle ; l'autre, en montant de Clairvaux-les-Vaux d'Ain à Châtel-de-Joux.

Il y a aussi du gypse, dans le Jura ; les principaux endroits, où on le trouve, sont Beurre, près de Besançon ; Salins, Grozon et Montolier, au bas de Poligny, et Lons-le-Saunier. Partout, il est sur le revers occidental du sixième chaînon, ou dans des monticules isolés dans la plaine au bas de ce chaînon.

On y trouve du charbon de terre, en plusieurs endroits ; on en exploite, depuis peu, une mine, à 5 ou 6 lieues au-dessus de Besançon, lieu dit *le Grand-Denis*, paroisse de Longes-Maisons, presque à la sommité de la montagne. Il y en a aussi des indices sur le revers de la côte orientale de l'Oignon, vis-à-vis Montbozon, Rougemont, Villerséxel, etc. ; mais on n'y a pas encore découvert des fonds assez considérables pour les exploiter. Dans les paroisses du Bisot, du Russez, particulièrement près du vil-

L

lage dit *Dessous-Romont*, beaucoup d'arbres qui paroissent des chênes, enfouis et couchés horizontalement, avec leur écorce et leurs branchages, dans des *seignes* ou marais : il y en a qui sont à la surface de la terre, dans des endroits déjà desséchés, la charrue les découvre; ils sont un peu noircis, au reste, bien conservés : d'autres approchent de la couleur et de la dureté de l'ébène; on en fait de belles tabatières : d'autres, dans des endroits plus humides, sont réduits en charbon de terre : on s'en est servi, avec avantage, dans des petites forges : d'autres, enfin, sont en charbon de terre feuilleté et décomposé.

Dans la grande plaine, au bas de Poligny, à trois lieues de cette ville, dans un monticule sur lequel est bâti le village de Francheville, en creusant des puits à 40 ou 50 toises de distance les uns des autres, on trouva, à 30 pieds de profondeur, des chênes couchés horizontalement, avec leur écorce et leurs branchages, et qui étoient si gros, qu'on fut obligé de les creuser pour achever les puits. J'ai vu deux de ces puits et la matière des chênes qu'on en avoit tirée.

Matières étrangères répandues dans le Jura.

§. 91. **M.** de Saussure, (art. 353), dit *qu'on na trouve point, ou à-peu-près, point de fragmens de* *roches primitives dans l'intérieur du Jura..... et qu'au contraire, les vallées extérieures..... qui ne sont pas séparées des montagnes primitives par des montagnes élevées et continues, en sont remplies.*

Il n'est pas surprenant que M. de Saussure n'ait pas vu de ces fragmens primitifs dans l'intérieur du Jura, il ne l'a traversé que deux ou trois fois et, presque toujours, en suivant les grandes routes. Mais, ayant parcouru tout le Jura, plusieurs fois, de manière qu'il n'y a pas un endroit que je n'ai approché d'une demi-lieue, j'ai eu occasion de voir ces matières alpines dans des vallées et des montagnes séparées des primitives par d'autres montagnes plus élevées et continues.

D'abord, à Montperreux, village près du lac de Saint-Point, sur le revers *occidental* d'une chaîne de montagne, élevée de 340 toises au-dessus du lac d'Yverdun, et de 100 toises au-dessus du plus haut point de la gorge de Jougne, j'ai vu un gros bloc de roche feuilletée extrêmement dur, à angles beaucoup émoussés, de quatre pieds de longueur, sur trois de largeur et autant de hauteur; il y a aussi, aux environs, beaucoup de cailloux roulés, un peu aplatis, de la pesanteur de trois à quatre livres : plusieurs de ces derniers ont traversé la vallée et se trouvent plus élevés que les autres, sur le revers de la chaîne occidentale.

J'ai trouvé de ces cailloux roulés dans toute la partie N-E du Jura; il y en a beaucoup dans la vallée de la Sagne, dans celles de l'Arguel, de Tavanne et de Delémont et même plus loin que Porentrui, tous endroits séparés des Alpes par plusieurs chaînes de montagnes. Il y a aussi beaucoup de sable vitrifiable dans tous ces cantons. Le plus beau, que j'aie vu, c'est un sable blanc comme la neige et aussi fin que de la farine, sur le revers *occidental* d'une montagne entre Tavanne et la ci-devant abbaye de Bellelai.

§. 92. Une autre matière alpine fort commune, surtout, dans les vallées les plus basses du Jura, ce sont des concrétions argileuses connues, dans le pays, sous le nom de *chailles :* beaucoup sont en géodes et renferment des petits cristaux de roche attachés à leurs parois. Ces concrétions ne sont pas venues, *telles,* des Alpes, mais en argiles ou en sables fins qui se sont réunis sous toutes sortes de figures baroques : elles s'étendent, depuis plusieurs lieues au-dessus de Besançon presque jusqu'à la Saône, dans toutes les montagnes que j'ai appelées une dépendance du Jura, et depuis Belfort jusqu'à Dôle. Le sol de la forêt de Chaux, près de cette dernière ville, est aussi presque tout vitrifiable; et, entre cette forêt et Besançon, on trouve quantité de cailloux roulés qui servent pour le pavé de cette ville.

(165)

§. 93. Entre Dole et Pesme, à-peu-près, à même distance des deux villes, il y a plusieurs petits cantons de granit secondaire, qu'on exploite pour des meules à moulin ; mais qu'on est obligé de repiquer assez souvent.

Enfin, entre Vesoul et Gy, il y a une suite de matières vitrifiables, qui s'étend depuis les montagnes jusqu'à la Saône, sur la largeur de deux lieues. On y trouve de la belle argile blanche, des sables, des silex, dont quelques-uns renferment des escargots, des petites pierres meulières, des cailloux dont le centre se décompose en argile, et les géodes *sulfureuses* de la ci-devant abbaye de la Charité, les seules que j'aie vues dans mes voyages (1).

____

(1) Est-il bien sûr que *toutes* ces matières vitrifiables soient venues des Alpes? Ne pourroit-il pas se faire qu'une partie soit venue des Vosges ? Je le crois ; surtout celles qui sont entre l'Oignon et la Saône : j'en ai vu une suite bien marquée et continue jusqu'à Lure ; et, je ne doute pas qu'elles ne soient allées plus loin. Peut-être, même, pourroit-on attribuer la même origine à une grande partie de celles qui sont plus bas que le sixième chaînon. Mais je croirois aussi que celles des Alpes auroient bien pu aller jusqu'au bord de la Saône ; car depuis les échancrures de Jougne, de Ste.-Croix, et de Motiers-Travers, par où elles ont passé, en plus grande quantité, il y a une vallée transversale qui se dirige sur la forêt de Chaux, proche Dole.

§. 94. Une autre matière étrangère dans le Jura, c'est le fer. Je n'en ai point trouvé, en roche; car je ne crois pas qu'on puisse donner ce nom à celui qui est en grains mêlés avec de la terre durcie. C'est aux environs de Pontarlier qu'il y en a le plus de cette sorte, dans les montagnes : près du village d'Oye, il est dans un monticule peu élevé au-dessus du niveau du Doubs; mais, près de Saint-Pierre, il est presqu'au milieu du revers de la montagne; et, près des Longes-Villes, il est encore plus élevé au-dessus de la plaine, et toujours avec de la terre qui paroît avoir été transportée et déposée par les eaux.

Malgré ce qu'en dit M. de Buffon, (t. II des Minéraux, p. 149), je ne peux pas croire que les mines de fer, en grains, soient des *concrétions*, de *vraies stalactites* de terre limoneuse et ferrugineuse : et la manière dont il en explique la formation, (*ibid*), paroît, de même, impossible; et, d'autant plus, que les grains d'une même minière sont tous de même grosseur. Je regarde ces grains comme des débris de vraies roches ferrugineuses primordiales, qui ont été cassés, détachés, roulés, arrondis, transportés et déposés où ils se trouvent à présent, comme on voit à l'égard des sables et des grès formés par ce moyen.

Ce qui me confirme dans cette idée, c'est qu'il y a, dans les mêmes cantons, des mines de fer en grains, qui ont, évidemment, cette origine de transport. Entre Mont-Perreux et Chaudron, un peu au-dessus du bord d'un petit ruisseau; et sur le Mont-d'Or, dans un creux, comme dans un sac entre des roches, on trouve de la mine de fer, en grains fort petits, mêlés dans de la terre avec des petits cristaux de roches, dont quelques-uns sont un peu arrondis et applatis; d'autres sont en cylindre, et beaucoup conservent encore leurs six pans et leurs deux pyramides avec les faces, mais dont les angles sont émoussés. La nature et la forme de ces cristaux montrent qu'ils ne sont pas originaires du Jura, qu'ils sont venus d'ailleurs, et que les grains de mine de fer les ont accompagné dans leur transmigration.

Objets curieux dans le Jura.

§. 95. Les principaux, que je connoisse, sont des glacières (1), la grotte d'Osselle, Pierre-Pertuis, le Sault de Doubs, la source de la Loue, la Fontaine-Ronde, le Frais-Puits et plusieurs autres torrens;

------

(1) Par *glacières* j'entends, comme on fait communément, des cavités souterraines, naturelles, qui conservent la glace, en la tenant à l'abri des rayons du soleil; et non pas, des amas de glaces qui se conservent, continuellement, en plein air : ces derniers s'appellent glaciers. Je n'en ai point vu dans le Jura.

mais comme ces objets n'entrent pas directement dans mon plan, j'en dirai peu de chose.

Je ne connois que quatre glacières dans le Jura ; dont deux, fort petites, sont presqu'au sommet de la chaîne occidentale qui borde la vallée de la chaux de Gilley : elles sont dans des fentes profondes et étroites qui reçoivent des eaux et des neiges, à 520 toises au-dessus de la mer.

§. 96. La plus considérable des deux autres est située sur la paroisse de Chaux, près de la ci-devant abbaye de la Grâce-Dieu, à cinq lieues, Est, de Besançon, et à 304 toises, seulement, au-dessus de la mer.

Son ouverture est, à-peu-près, au N. N-E. On y descend comme dans une cave, avec cette différence, qu'au lieu d'escalier, c'est un talus fort rapide qui avance dans la caverne : ce talus est un tiers à découvert, et un rocher saillant couvre le reste. L'entrée n'a que 36 pieds de large sur 15 de hauteur : elle s'élargit toujours en descendant. Le fond de la caverne est horizontal, sur cent quarante pieds du Nord au Sud, et cent trente de l'Est à l'Ouest. La voûte a, au moins, cent pieds d'élévation ; elle est revêtue d'une couche opaque, tendre et jaunâtre. Il n'y a ni source ni ruisseau dans la caverne, comme quelques géographes ont voulu l'annoncer. Son sommet est plus élevé que toutes les collines des environs ; c'est pourquoi elle ne reçoit point d'eau, que celle qui filtre par la voûte : ce sommet est entièrement recouvert de grands hêtres fort épais, mêlés, à leurs pieds, de broussailles, excepté un petit espace sur l'entrée.

C'est donc, par la voûte, que se forment les stalactites de glace qui y pendent ; celles qui s'élèvent du fond, en colonnes ; celles qui couvrent les parois et toute la glace du fond. Mais la glace qui recouvre, quelquefois, sa rampe, vient des neiges ou des pluies du dehors.

Il ne s'y forme que trois colonnes principales, sur le fond, mais toujours dans les mêmes endroits : ces colonnes varient, chaque année, pour la figure, la grosseur et la hauteur, et se détruisent, rarement, en entier : il s'y en forme aussi d'autres plus petites, mais qui ne subsistent pas long-temps. Les stalactites de la voûte sont beaucoup plus nombreuses, et tombent, facilement, dès le commencement des chaleurs.

On voit qu'il n'y a pas toujours même quantité de glace dans la caverne : et, ce qui paroît étonnant, c'est que, ordinairement, on en trouve davantage jusqu'au mois de juin, que depuis l'automne jusqu'au mois de janvier. Ce n'est pas à dire, cependant, qu'il s'y en forme plus en été qu'en hiver, ni qu'il y fasse plus chaud en hiver qu'en été. La rai-

son pour la glace de l'été, c'est que celle d'hiver ne
fond que tard et se conserve, en grande partie, jusqu'aux grandes chaleurs; après lesquelles, la glace
commence, avec les premiers froids, à se former
plus abondamment; mais il lui faut du temps pour
venir à son *summum*, ce qui n'arrive guère que sur
la fin de l'hiver. Quant à la chaleur plus grande,
dans la caverne, en hiver qu'en été, on va voir le
contraire, par plusieurs observations du thermomètre.

D'abord M. Des Bos, ingénieur du roi, par des observations du thermomètre faites, dans les quatre saisons de l'année, trouva toujours l'air plus froid, dans
la Grotte, qu'au dehors. Mémoire de l'Académie,
tome de 1726, pag. 16.

Voici ce que m'en écrivit, dans le temps, un de
mes confrères, le R. P. Eustache de Cusance, pro-
fesseur, que j'avois prié d'observer la glacière exactement et en plusieurs saisons. Dans toutes les observations, il donna, au thermomètre, tout le temps
nécessaire pour bien prendre la température, quelquefois jusqu'à trois heures.

DATES.	ÉTAT DE LA GLACIÈRE.	THERMOMÈTRE	
		En plein air.	Dans la grotte.
		d. m.	d. m.
5 novem. 1783.	Beaucoup de glace, couverte d'eau, en plusieurs endroits. Les stalactites de la voûte étoient tombées.................	13 30	+1 30
11 janv. 1784.	La rampe ou le talus de l'entrée couvert de glace. La glace du fond, de deux pieds d'épaisseur, claire et transparente..		
	Point d'eau sur la glace. Les stalactites du fond ou les colonnes 2 pieds 8 pouces de hauteur......................	0 0	−1 0
	Grand nombre de stalactites à la voûte, depuis 1 pied jusqu'à 15 de longueur....		
3 mars 1784.	Le tiers de la rampe étoit couvert de neige, et la descente en étoit difficile. La colonne qui, chaque année, se forme dans le fond de la grotte et qu'on appelle *la Pyramide*, s'élevoit jusqu'à 5 pieds de la voûte, c'est-à-dire, à 90 ou 95 pieds. Celle qui se forme ordinairement à droite de l'entrée, et qui est presque toujours adhérente au rocher, touchoit à la voûte. Dans l'un et l'autre endroit, il y tomboit encore beaucoup d'eau qui se geloit en tombant. Il y avoit dix autres piliers ou colonnes placées au bas de la rampe : le plus considérable avoit 8 pieds 3 pouces de hauteur sur 36 pieds de circonférence. Il y avoit plus de cinquante stalactites de glace attachées à la voûte, qui, par leur grosseur et leur longueur, donnoient un coup d'œil agréable et frappant.........	+5 0	+1 0

DATES.	ÉTAT DE LA GLACIÈRE.	THERMOMÈTRE	
		En plein air.	Dans la grotte.
18 avril 1784.	La glacière étoit, à-peu-près, au même état que le 3 mars. Les piliers étoient cependant un peu augmentés. La neige qui couvroit la rampe commençoit à se fondre, l'eau se filtroit dans le sable, reparoissoit ensuite, et formoit une glace claire et transparente qui rendoit difficile l'entrée de la grotte	d. m. 13 0	d. m. 0 0
20 mai 1784.	Un tiers de la rampe, dans le bas, étoit couvert d'un pied de glace. Plusieurs stalactites de la voûte étoient tombées. Celles du fond étoient peu changées. Point d'eau dans le fond.	21 0	†0 30
26 mai 1784.	Toute la rampe couverte de glace. Point d'eau dans le fond; il n'y en tomboit plus qu'en quatre endroits. Les piliers étoient peu augmentés	19 30	†0 30
17 août 1784.	La rampe étoit libre. Il n'y avoit plus que trois stalactites à la voûte. A neuf heures il s'éleva un vent du Sud; le ciel se couvrit de quelques nuages, et la grotte se remplit d'un brouillard épais, mais sans odeur	15 0	†1 0

§. 97. La quatrième glacière est située entre la vallée de Motier-Travers et la Brevine, sur le haut de la chaîne, à 564 toises au-dessus de la mer, dans un terrain dépendant de M. le colonel de Pury, de

Neuchatel. Elle a trois ouvertures verticales qui font un triangle : deux de ces ouvertures n'ont guère que 4 à 5 pieds de diamètre; l'autre, par où l'on descend à la glacière, est beaucoup plus grande : elle forme d'abord un entonnoir fort évasé, d'environ 30 pieds de hauteur, au bas duquel elle prend la forme d'un puits oval dont les parois sont verticales, le grand diamètre est de 30 pieds, et le petit de 20, sur la hauteur d'environ 25 pieds. On descend dans ce puits, avec assez de peine; le fond est un talus formé des débris des parois.

La glace est dans une caverne dont l'entrée est au bas du puits, sous la parois méridionale, et par conséquent tournée au Nord, sur la largeur de 15 pieds et 6 de hauteur. La voûte de la caverne s'abaisse en s'enfonçant dans la montagne : elle a environ 35 à 40 pieds de l'Est à l'Ouest, et 25 du Nord au Sud. La glace commence dès l'entrée de la caverne, où elle est déjà élevée à 6 ou 7 pieds de la voûte, et dans le fond elle touche la voûte. Sur la droite de l'entrée, la voûte est un peu plus élevée au-dessus de la glace : il y a un puits par où les eaux s'écoulent.

Le 26 août 1784, j'y trouvai 7 à 8 colonnes de glace, qui s'élevoient depuis la glace du fond jusqu'à la voûte; quelques-unes, même, entroient dans la voûte, en des endroits où elle est percée. On ne connoît pas la profondeur de la glace; mais on peut conjecturer qu'elle est très-grande, puisqu'elle s'augmente sensiblement dans l'espace de quelques années. Cette augmentation continuelle prouve aussi qu'il n'y a pas bien long-temps que cette glacière subsiste, parce qu'elle seroit déjà entiérement remplie.

On me parla, dans le même voyage, d'une autre glacière, à-peu-près semblable à la précédente, située à une lieue Nord de Cerneux-Pequignot; mais je ne l'ai pas vue, et on ne m'en donna point d'autres détails.

Grotte d'Osselle.

§. 98. La grotte d'Osselle est connue et en grande réputation depuis long-temps : elle est située sur la rive gauche du Doubs, 3 lieues plus bas que Besançon, vis-à-vis le village d'Osselle, dont elle a prit le nom. On en a élargi l'entrée, autrefois fort difficile ; et on y a pratiqué un talus moins rapide pour descendre. La grotte consiste en cinq ou six grandes chambres, au moins, fort élevées. On passe d'une chambre à une autre, par une espèce de gallerie, ou par une simple porte quelquefois basse et étroite. Il y a, dans le fond, un long corridor, qui conduit à une nappe d'eau qui forme un courant, à ce qu'on dit, car je ne l'ai pas vu; on ajoute qu'en mettant une planche avec une chandelle sur cette eau, la planche s'éloigne toujours, et va tomber dans un précipice. On ne peut pas avancer ni voyager dans cette grotte sans flambeaux.

Quand je la vis, en 1752, les chambres, surtout, les plus avancées étoient remplies de toutes sortes de stalactites, à la voûte, aux parois et dans le fond. On en voyoit de toute grosseur et de toute figure; on s'y représentoit des collonades, des orgues, des frontispices, etc. Il s'y forme, en plusieurs endroits, du très-bel albâtre blanc, veiné, strié, etc.

Pierre-Pertuis.

§. 99. On appelle *Pierre-Pertuis* une voûte, ou plutôt une demi-voûte, de 8 à 10 pieds d'épaisseur, sur 30 de largeur, et 24 dans sa plus grande hauteur, sous laquelle passe la grande route, entre Sonceboz et Tavanne. Elle est située, à-peu-près, au milieu du revers de la montagne du côté de Tavanne, dans un vallon qui est étroit et rapide, au-dessus du passage. On voit une inscription gravée sur le roc, au-dessus de la voûte du côté de Tavanne, sur 5 pieds de longueur et 3 de hauteur.

Inscription telle que M. de Saussure la rapporte, (art. 331).

NUMINI AUGUSTORUM VIA FACTA PER TITUM DUNNIUM
PATERNUM DUUMVIRUM COLONIÆ HELVETICÆ.

Même inscription, telle que M. le ministre de Tavanne me la donna, en 1784.

NUMINI AUGVS
TORUM
VIA DVCTA PER M
DVRMIVM PATER^{num} XX
IIVIRVM COL HELVET.

La plus grande difficulté, dans cette dernière inscription, vient de la lettre après PATER, et qui en est séparée. On convient que PATER c'est PATERNUM; mais quelques-uns font deux XX de la lettre suivante, qui signifieroient VICESIMUM DUUMVIRUM; et supposent qu'on avoit omit NUM après PATER, ou qu'on l'avoit mit en petites lettres; mais pour cela, il faudroit savoir si, chez les Romains, on comptoit par les duumvirats. D'autres trouvent, dans cette lettre un V et une M, et supposent un N après PATER; mais alors il n'y auroit rien qui indiqua l'année. A la vue du caractère on pourroit rapporter cette inscription, au temps des Philippe, père et fils.

Une autre question, ce seroit de savoir si les Romains percèrent, en entier, ce rocher, ou s'ils ne firent qu'agrandir l'ouverture déjà commencée par les eaux. M. de Saussure, (art. 331), est de cette dernière opinion, et je crois qu'il a raison. Tout annonce,

nonce, en effet, un courant d'eau qui remplissoit ce vallon ; les rochers y sont sillonnés, excavés profondément dans la direction de la pente. Je remarquai, de plus, que le côté droit de l'ouverture étoit lavé et arrondi dans toute sa hauteur, de même que les roches avant l'entrée et après la sortie ; celles du dessus le sont aussi, mais seulement sur la largeur de 5 à 6 pieds ; ce qui paroît indiquer l'ancienne ouverture. Dans le reste de la voûte, les arêtes sont vives des deux côtés de l'épaisseur, le dessous est parsemé de petits boutons, comme sur les pierres délitées : enfin la voûte est composée de deux ou trois bancs inclinés et parallèles entr'eux : ces bancs continuent, sur la droite du passage, en s'abaissant, comme ceux de la voûte s'abaissent sur la gauche ; en sorte que si on ôtoit ceux du dessous, on auroit une voûte entière. Toutes ces observations paroissent dire que l'ouverture étoit déjà faite, avant les Romains, comme une porte élevée de 24 à 30 pieds sur 5 à 6 de largeur ; et, que pour élargir le passage, on n'eût qu'à dégager les bancs qui le remplissoient sur la gauche.

Le Saut du Doubs.

§. 100. Le Saut du Doubs est une cataracte ou cascade, située à 2 lieues N-E de Morteau, où le Doubs se précipite, tout entier, perpendiculaire-

M

ment, de la hauteur de 80 pieds, selon les mesures de M. Mougin, curé de la Grande-Combe-des-Bois. Dans les eaux basses, on ne voit qu'une simple nappe d'eau de la largeur de 30 à 40 pieds, qui tombe, avec un grand bruit, dans des gouffres qu'elle a creusés, et d'où elle recommence à couler; mais, dans les grandes eaux, elles tombent avec une telle violence, que l'eau se réduit en nuages, se relève plus haut que la cascade, remplit, entre les parois de la rivière, un espace circulaire, de près d'un quart de lieue de diamètre, se condense ensuite et retombe en pluie. Selon les positions favorables, on y voit de beaux arc-en-ciels. Il seroit dangereux, en tout temps, d'approcher trop près du haut de la cascade, avec une barque; on risqueroit d'être entraîné par le fil de l'eau, sans pouvoir se retenir avec les rames.

La source de la Loue.

§. 101. La source de la Loue est curieuse par sa situation et son abondance. Elle est située à une lieue de Moutier-Haute-Pierre, à l'extrémité orientale d'un vallon fort étroit et sauvage qui se termine en cul-de-sac : elle sort du bas d'un rocher élevé perpendiculairement au-dessus de l'ouverture, de 318 pieds : la montagne s'élève encore, en talus, au-dessus du rocher. La source est toujours assez abondante pour faire rouler trois ou quatre usines.

Au côté droit du rocher, en montant, il y a comme un petit ravin, par où des eaux ont descendu anciennement. J'ai eu lieu de conjecturer que celles du Doubs y avoient passé.

La Fontaine-Ronde.

§. 102. La Fontaine-Ronde est une fontaine intermittente, à trois lieues Sud de Pontarlier, près de la route, sur la droite en allant à Jougne. Elle pousse et jaillit, en plusieurs endroits, en bouillonnant à travers des sables, des graviers, des petites pierres, dans un espace circulaire de 5 à 6 pieds de diamètre. Je crois que c'est cet espace circulaire qui lui a fait donner le nom de Fontaine-Ronde. Elle ne s'élève, dans les eaux basses, que de 5 à 6 pouces, dans l'espace de deux à trois minutes : l'eau s'écoule dans un ruisseau, et la fontaine demeure à sec pendant cinq minutes, après lesquelles, elle jaillit de nouveau, et toujours de la même manière et dans les mêmes intervalles.

J'ai entendu l'eau descendre dans son canal, sur le revers de la montagne occidentale. Dans les grandes eaux, on ne peut pas bien voir le jeu de cette fontaine, parce qu'il se forme, plus haut, un ruisseau qui passe dessus et qui la noie continuellement.

M 2

Le Frais-Puits.

§. 103. Le Frais-Puits est à une lieue, S. S-E de Vésoul. C'est un creux d'environ 60 pieds de diamètre, dans le haut, et qui diminue, à-peu-près, sous la forme d'un entonnoir. Il y a presque toujours un peu d'eau, dans le fond : cette eau croît et diminue à proportion des pluies et de la sécheresse. Quelquefois, le puits est rempli et demeure quelque temps en cet état sans donner de l'eau ; mais s'il arrive alors de grandes pluies, l'eau bouillonne, comme de gros tonneaux agités sur sa surface ; elle déborde pendant quelques jours et inonde la prairie de Vésoul, quoique fort spacieuse, jusqu'à trois ou quatre pieds de hauteur. Il y a, plus bas que ce puits, dans le passage de ses eaux, une fontaine dite la *Fond-de-Champ-Damois*. C'est un creux rond, au milieu des prés, sur un diamètre de dix à douze pieds, qui donne continuellement assez d'eau pour un moulin, et ses environs sont mouvans.

Quant à la cause de ces grandes inondations, voici les circonstances locales qui peuvent servir à les expliquer. Dans un espace de six lieues carrées, au moins, à l'Est de ce puits, il n'y a ni rivière ni ruisseau : ce sont des monticules qui forment des bassins dont les fonds sont plus hauts que le puits, les uns de 40, les autres de 50 toises, et qui n'ont point de communication entr'eux pour les eaux. Ces eaux renfermées se sont fait des issues dans la terre où elles se précipitent toutes.

Je croirois que toutes ces eaux se réuniroient dans un lac qui formeroit une rivière, ou simplement dans une rivière souterraine qui passeroit sous le Frais-Puits et qui formeroit la Fond-de-Champ-Damois. Tant que le canal du lit de cette rivière ne seroit pas rempli, les eaux n'entreroient pas dans le Frais-Puits: quand ce canal seroit rempli suffisamment, les eaux monteroient dans le Frais-Puits à proportion de leur abondance : elles pourroient même monter jusqu'au bord sans qu'il jeta, pourvu que la Fond-de-Champ-Damois les débitât suffisamment; mais quand cette fontaine ne pourroit plus les débiter, ces eaux passeroient alors par le Frais-Puits avec plus ou moins de violence, à proportion de leur abondance, elles causeroient des bouillonnemens; elles s'écouleroient ensuite en grande quantité et inonderoient la prairie de Vésoul.

L'Oignon, voisin de ce pays de monticules et plus élevé, de 18 toises, que la surface du Frais-Puits, pourroit bien aussi fournir son contingent, pour ces inondations; et d'autant plus vraisemblablement, qu'une partie de ses eaux entre dans une caverne qui se dirige de ce côté-là.

§. 104. Avant de quitter le Jura, je vais compa-

rer l'inclinaison de ses montagnes avec celle des Alpes, et avec celle des montagnes plus basses qui s'é-
tendent jusqu'à la mer. J'ai déjà mis cet article dans
mon *Traité du Baromètre portatif*. Je le rapporte,
ici, parce que je le crois intéressant pour la géologie.

Si on remplissoit toutes les vallées à la hauteur des
montagnes qui les bordent, depuis la mer jusqu'aux
sommités les plus hautes des Alpes, on formeroit un
plan très-doucement incliné. Par exemple, en tirant
une ligne droite depuis le Havre jusqu'aux sommités les
plus élevées qui forment le groupe des montagnes du
Saint-Gothard, on couperoit, presqu'à angle droit,
les chaînes des montagnes intermédiaires, en passant
2 lieues Sud de Paris, entre Langres et Dijon, à 5
lieues N-E de Besançon, 2 lieues Nord de Neuchatel, et près de Berne, à l'Ouest.

Cette ligne auroit 160 lieues communes de France
anciennes, et on ne monteroit, en tout, que 1750
toises, hauteur, au-dessus de la mer, du Gleterscher-
berg qui est la sommité la plus élevée de ces montagnes; en sorte que si la pente étoit uniforme, on
monteroit un peu moins de 11 toises par lieue : mais
comme cette pente totale ne seroit pas uniforme,
pour en avoir une idée plus juste, on peut diviser
les 160 lieues en cinq distances inégales qui forme-
roient, chacune, une pente, à-peu-près, uniforme.

 1°. Depuis le Havre jusqu'à la chaîne de la séparation des eaux des eux mers , prise près de Dijon , 95 lieues et 300 toises d'élévation , au-dessus de la mer ; ce qui donneroit un peu plus de 3 toises de pente par lieue.

2°. Depuis les sommités les plus élevées de la chaîne de la séparation des eaux , au-dessus de Dijon , jusqu'aux sommités de la chaîne la plus basse du Jura , au-dessus de Besançon , 23 lieues de distance , et même élévation au-dessus de la mer , aux deux endroits ; ce qui feroit un trajet horizontal de 23 lieues.

3°. Depuis les plus hautes sommités , au-dessus de Besançon jusqu'à celles de la plus haute chaîne du Jura , près de la Chasserale , 2 lieues Nord de Neuchatel , 12 lieues et 550 toises de différence en élévation : ce qui donneroit près de 46 toises de pente par lieue.

4°. Depuis les sommités les plus élevées de la haute chaîne du Jura , jusqu'aux plus hautes sommités de la chaîne la plus basse des Alpes , au S-E de Berne , 15 lieues et 200 toises de différence en élévation : ce qui donneroit un peu plus de 13 toises de pente par lieue.

5°. Depuis les sommités de la chaîne la plus basse des Alpes , jusqu'aux sommités les plus élevées du Saint-Gothard , 15 lieues et 700 toises de différence en élévation : ce qui donneroit près de 47 toises par lieue.

* * * * * * * * * *

QUATRIÈME CANTON.

Les plaines de la Saône et du Rhin, depuis Macon jusqu'à Strasbourg.

§. 105. J'AI déjà eu occasion de parler, plusieurs fois, de ces deux plaines ; c'est pourquoi je n'en rapporterai, ici, que ce qui reste de plus essentiel pour la géologie. Ces plaines sont séparées par une arête qui fait aussi la séparation des eaux de l'Océan de celles de la Méditerrannée. Cette arête a beaucoup de ressemblance avec celle (*le Jorat*) qui sépare les plaines du lac de Genève de celles du lac de Neuchatel, et qui sépare les eaux des deux mers.

1°. L'une et l'autre se dirigent aux points les plus élevés des chaînes des montagnes qu'elles unissent. Le Jorat se dirige de la Dent de Jaman aux sommités les plus hautes du Jura, entre la Dent de Vaulion et le Suchet. L'arête, entre le Jura et les Vosges, se dirige de la montagne dite *les Tronchats*, la plus haute de sa chaîne, aux sommités les plus élevées des Vosges, près du Ballon d'Alsace.

2°. Les deux arêtes sont plus hautes à l'Est qu'à l'Ouest, et vont toujours en s'abaissant.

(185)

3°. Elles ont, chacune, 10 à 12 lieues de longueur.

4°. Le Jorat est presque perpendiculaire aux Alpes et au Jura : l'autre arête s'éloigne un peu plus
de la perpendiculaire avec les Vosges et le Jura.

5°. Si on prolongeoit ces deux arêtes, elles ne seroient pas parfaitement parallèles ; mais elles ne feroient qu'un angle de 15 degrés à leur point de contact.

Il y a beaucoup de gallets, du poids de quatre à
cinq livres, dans l'arête, entre le Jura et les Vosges ;
c'est surtout en creusant dans la Glaise et dans la
Marne qu'on les trouve.

§. 106. On sait que les plaines du Rhin et de la
Saône sont des plus belles et des plus grandes que
l'on connoisse : elles sont, presque, parfaitement
horizontales, en bien des endroits, sur de grands espaces et sans monticules. Quoi qu'en disent quelques
naturalistes, je ne peux pas croire que les rivières,
telles que nous les avons à présent, aient jamais pu
produire un nivellement aussi grand et aussi parfait ;
surtout quand je considère que les parois de ces plaines sont escarpées et, à-peu-près, de même hauteur
des deux côtés de chaque plaine. Sans doute, il a
fallu une masse d'eau assez grande pour remplir entièrement leurs bassins, et assez violente pour nive-

ler les matières qu'elle entraînoit, et pour escarper et niveler aussi les parois.

Ces plaines sont entièrement composées de matières hétérogènes : les unes viennent des montagnes voisines, mais les autres viennent des montagnes fort éloignées. On trouve ces matières, par lits, en creusant, quelquefois, séparées les unes des autres, et, le plus souvent, mêlées en plus ou moins grande quantité d'espèces ; mais on n'a pas encore atteint un fond solide et primitif.

J'ai déjà dit, (§. 93), qu'il y avoit beaucoup de matières vitrifiables étrangères, depuis Dole jusqu'à Vésoul, dans toute la largeur comprise entre la Saône et le Jura ; j'ajouterai que le haut de la plaine de la Saône en est encore plus chargé, jusqu'aux Vosges, et surtout de sables, de grès et de cailloux roulés.

Les sables sont assez rarement purs : j'en ai cependant vu, en quelques endroits, dont on se sert pour les verreries : il y en a jusque dans la Forêt-de-Chaux près de Dole, et aux environs de Gray ; mais, le plus souvent, ils sont mêlés de terre, surtout sur les bords de la Saône, où les terres sont plus ou moins sablonneuses.

Les grès les plus éloignés sont en molasse ; plus haut, ils sont en pierres à meule à aiguiser ; et, en approchant des montagnes, ils sont mêlés de cailloux roulés et forment des grès-poudingues dont on fait, en quelques endroits, des meules à moulin.

Les cailloux roulés, sur la lisière des Vosges, sont, ordinairement, en poudingues purs, mêlés seulement d'un peu de sable qui leur sert de ciment.

Ce n'est pas à dire qu'il n'y ait pas, quelquefois, des poudingues purs, plus éloignés des montagnes que les grès-poudingues ; mais, en général, toutes ces matières sont, ordinairement, plus pures et plus grosses à mesure qu'elles approchent des Vosges qui paroissent leur pays natal. C'est-là, partout, l'arrangement des matières transportées : nous l'avons vu dans celles des Alpes et des Cévènes.

§. 107. Une autre matière étrangère et répandue abondamment dans la plaine de la Saône, c'est la mine de fer en grains. On peut dire qu'il y en a dans tout le département de la Haute-Saône ; mais plus fréquemment, sur les bords de la Saône, de l'Oignon, de la Lantenne, de la Manse, du Saulon, de la Romaine, etc., jusqu'à plusieurs lieues de ces rivières. Partout, elle est en nappe, quelquefois à fleur de terre ; plus souvent à deux ou trois pieds de profondeur ; rarement est-on obligé de creuser plus de cinq à six pieds. En quelques endroits, elle est pure et sans mélange, on la met dans le fourneau telle qu'on la tire ; mais en beaucoup plus d'autres endroits, elle est mêlée avec de la terre ; on est obligé de la laver. Pour l'origine de cette sorte de mine, voyez (§. 189).

───────────────

CINQUIÈME CANTON.

Les Vosges, depuis les environs d'Epinal et de Darney jusqu'à Giromagny, et depuis Giromagny jusqu'au Grand-Donnon, dans toute leur largeur.

Structure des Vosges.

§. 108. La structure des Vosges est différente de celle des Alpes, du Jura et des Pyrénées. Dans les Alpes, il y a des vallées longitudinales et des transversales ; ces dernières sont, à peu de chose près, perpendiculaires à la direction de la chaîne centrale. Dans le Jura, presque toutes les vallées sont parallèles à la chaîne générale. Dans les Pyrénées, M. Ramond nous dit, (tom. Ier. p. 7), que les vallées et le cours des eaux sont perpendiculaires à la chaîne centrale ; et p. 56 et 57, ce profond naturaliste explique la manière dont il croit que ce phénomène a dû s'opérer dans *toutes* les montagnes.

Mais M. Ramond s'est un peu trop pressé de généraliser les faits qu'il avoit observés dans les Pyrénées. Les Vosges nous présentent une toute autre direction des vallées et des rivières. Il y en a très-peu de perpendiculaires à la chaîne centrale ; presque toutes font un angle très-aigu avec elle, et en diffèrent sens de chaque côté, les unes se dirigeant au N-E, les autres au S-O : ce qui forme des directions qui tendent à se réunir à un point central.

Il y a deux de ces points centraux, depuis le Ballon d'Alsace jusqu'au Grand-Donnon, c'est-à-dire, dans une distance, seulement, de 19 lieues anciennes de France ; le premier, c'est une montagne dite *le Haut-d'Honec*, qui est la seconde plus haute des Vosges, 688 toises au-dessus de la mer, 6 lieues N. N-E du Ballon d'Alsace : le second est entre les villages de Salles, de Bruche et de Lubine, à 14 lieues, et un peu plus de N. quart au N-E du Ballon d'Alsace. Depuis ce second point, la chaîne centrale est divisée, en deux, par la vallée de la Bruche. La partie orientale suit la direction de la grande chaîne. L'occidentale se recourbe, presqu'à angle droit, jusqu'au village de Saalle, d'où elle reprend une direction, à-peu-près, parallèle à l'autre, et va passer au Grand-Donnon.

Cet arrangement des directions des vallées et des rivières ne se trouve pas seulement dans les Vosges : nous en avons un grand et très-bel exemple dans les Alpes ; ce sont les environs du Mont-Rose. Sept vallées, qui indiquent un nombre égal de rivières et de hautes chaînes, aboutissent à la circonférence exté-

rieure de ce fameux cirque, comme à un même centre. Ces vallées sont, Val-Anzasca, Val-Sésia Pic-
cola, Val-Sésia Grande, Val-de-Lys, Val-d'Ayas,
la vallée du Glacier du Mont-Cervin, et Val-Sosa.
Saussure, (art. 2165). On pourroit y ajouter le Val-
Zwischenberger.

109. Le Ballon d'Alsace est escarpé, à pic, au
S-E, et forme un beau cirque, en demi-cercle d'une
demi-lieue, au moins, de diamètre, sur la hauteur
de 400 toises : je n'en connois point de plus majes-
tueux, après celui du Mont-Rose. Ce Ballon est aussi
escarpé, presque dans tout son contour, et finit ainsi
brusquement, au S. S-O, la grande chaîne des Vosges. Selon les remarques de tous les naturalistes,
cette manière de finir une chaîne de montagnes, marque qu'elle s'étendoit plus loin, et qu'elle a été coupée par un agent violent. C'est aussi ce que paroît
nous dire la position du Ballon de Sultz, montagne
la plus haute des Vosges, isolée cependant, à près de
trois lieues, Est, de la grande chaîne.

§. 110. Cette partie des hautes montagnes des
Vosges est séparée de la partie la plus méridionale
par la Moselle et la Dolleren. Ces deux rivières sont
presque les seules des Vosges qui soient, à-peu-près,
perpendiculaires à la grande chaîne : les montagnes
qui les bordent, au Sud, font aussi la séparation des
eaux de l'Océan et de la Méditerranée, et se diri-

gent à l'arête qui sépare les plaines du Rhin et de la Saône.

Les principales rivières qui prennent leur source dans cette partie méridionale des Vosges, savoir : la Saône, l'Oignon, la Lantenne, le Rahain, ont, à-peu-près, la même direction que la chaîne centrale : elles coulent du N-E au S-O.

Les montagnes n'y sont pas beaucoup élevées : excepté les Ballons d'Alsace, de Servance, de la Haute-Planche et quelques sommités voisines; les plus hautes des autres n'ont guère que 250 toises au-dessus de la mer.

Nature des Vosges.

§. 111. Les matières, qui jouent le plus grand rôle dans les Vosges, pour la géologie, ce sont les sables et les grès, les cailloux roulés et les poudingues. La chaîne centrale, depuis le Ballon d'Alsace jusqu'au Brésoir est recouverte de granit; mais dans les deux revers, sur toute la longueur de la chaîne jusqu'au Grand-Donnon, toutes les sommités, isolées comme des espèces de pain de sucre, sont recouvertes de grès, de poudingues et de grès-poudingues. On diroit que ces matières y sont tombées du ciel; on ne voit pas par où elles ont pu y parvenir.

Une de ces sommités les plus remarquables, c'est le *Haut-du-Rhau :* elle est presqu'entièrement entourée par la petite Moselle, entre les villages de la Bresse, de Cornimont, de Saussure et de Vagney, à deux lieues Est de Remiremont : elle est placée sur l'extrémité méridionale de la chaîne dont elle fait partie, plus élevée de 80 à 90 toises que le reste de la chaîne : cette sommité est couronnée par un plateau horizontal d'environ un quart de lieue carrée, composée, en partie, de grès pur, et, en partie, de grès-poudingues ; mais ce qu'il y a de plus étonnant, c'est que ce plateau de grès et de poudingues adventifs est parsemé d'un grand nombre de gros blocs de granit arrondis, qui ne tiennent aucunement ni aux grès, ni aux poudingues. J'ai trouvé aussi, ailleurs, dans les environs, des blocs de granit posés de même sur des grès.

Tous les naturalistes qui ont vu de pareils phénomènes, ont conclu que ces matières, isolées au haut d'un grand nombre de pics voisins, formoient, autrefois, un grand plateau contigu qui recouvroit tout le corps des montagnes alors élevées à la hauteur des sommités actuelles. On ne peut guère se refuser à cette conséquence ; et je crois que c'étoit autrefois l'état où se trouvoient les Vosges. Ce plateau a donc été détruit, en grande partie, par une cause quelconque, et le gros des montagnes a été abattu en même temps.

Si ce plateau et ces montagnes avoient été dégradés,

dés, petit-à-petit, et lentement, par les frimats, les pluies et les neiges, on trouveroit leurs débris sur les flancs des pics, sur les montagnes qui sont à leurs pieds, sur les revers de ces montagnes et dans le fond des vallées voisines. Mais on ne trouve point de ces débris dans les environs : ils ont été entièrement balayés et transportés ailleurs, d'où je conclus que l'agent qui les a enlevés et entraînés, étoit extrêmement puissant, prompt et violent. Il n'y a sûrement point d'exagération dans cette conséquence.

Que sont donc devenus tous ces débris ? La réponse n'est pas difficile. Les faits parlent évidemment. Ces débris forment les lisières des Vosges, de chaque côté : ils en recouvrent presque toute la partie méridionale; et ils s'étendent, à très-grande distance de ces montagnes. On les retrouve, en effet, d'un côté, depuis Saint-Diez, Bruyères, Épinal, en montagnes, en monticules et en plaines, et, même, jusqu'à la montagne entre Toul et Nancy : on les retrouve en descendant l'Oignon, le Coney et la Saône, et entre cette dernière rivière et la chaîne qui sépare les eaux des deux mers, jusqu'aux environs de Dijon : on les retrouve aussi du côté de la, ci-devant, Alsace, depuis Sultz jusqu'à Giromagny, Lure, Vésoul, Gray et Champlitte. Je les ai suivis, exactement, dans tous ces endroits et dans tout l'espace qui les contient, sur une surface, au moins, de 4 à 5oo lieues carrées.

Il y a bien de l'apparence que les cailloux roulés, que l'on trouve entre Dole et Besançon, et dont cette dernière ville est pavée, viennent aussi des Vosges: et je ne doute nullement que les sables de Versailles, les grès de Fontainebleau, les sables, les grès, les Poudingues de la Hesse, de la Westphalie, et de toutes les bruyères, jusqu'à la Hollande, n'aient la même origine, au moins, en partie; car les Alpes, pourroient bien aussi avoir fourni leur contingent. Et ce qui est sûr c'est que toutes ces matières sont de transport avec les gros blocs arrondis qu'elles renferment.

On ne sera pas surpris de ce transport immense et si éloigné, si on fait attention que chacun convient que des matières alpines ont été transportées jusqu'à la mer, par la vallée du Rhône. Et ce qui prouve, invinciblement, que les grès et les cailloux roulés des Vosges, sont aussi un vrai transport, c'est que ces matières vitrifiables se trouvent, actuellement, éparses et isolées dans des pays calcaires, entièrement, étrangères au sol qu'elles habitent.

§. 112. Il y a aussi des granits, en beaucoup d'endroits, hors la grande chaîne des Vosges: on en trouve de très-beaux et très-durs dans les vallées de Servance et de Cornimont, à Sewen et aux environs de Saint-

Bresson : on en travailloit, autrefois, dans ce dernier endroit, à Giromagny et à la Meline proche le
Tillot : on en faisoit de beaux ouvrages connus et
estimés à Paris. Je ne sais pas si on continue le même
travail.

Mais, il y en a beaucoup d'autres, en masse et en
blocs isolés que je crois de seconde formation : ils
sont assez tendres pour les travailler comme des pierres de taille calcaires, pour les creuser et en faire
des poëles : les uns sont blancs et à gros grains, les
autres sont noirâtres et à grains plus fins arrangés par
couches. C'est dans ces derniers que se trouvent les
mines de Sainte-Marie, de la Croix, de Giromagny
et de Château-Lambert : ils sont fort communs au bas
des grandes vallées : la face orientale du Saint-Mont,
proche Remiremont, en est recouverte, de même
que d'autres montagnes des environs : plusieurs ont
accompagné les grès dans leur émigration ; il y en a
près de la Marche, à Fontenois-le-Château, à Pas-
savant-en-Vosges, etc. J'en ai vu d'autres de seconde
formation dont les élémens sont quelquefois plus gros
que le pouce ; il y a, de ces derniers, au bas de Remiremont, près de la Poutroie, du Bonhomme et au-
dessus du Val-d'Ajot, dans l'endroit où la montagne
a été coupée par les eaux.

Le jaspe n'est pas rare dans les Vosges ; mais, du
beau porphyre, je n'en ai vu que dans un endroit ;

c'est au pied du Mont-de-Vanne, à deux lieues de Lure, sur les bords de l'Oignon : à gauche de cette rivière, il fait corps avec la montagne ; sur la droite, il forme un monticule isolé. On en polissoit de belles colonnes, à la Meline, quand j'y passai.

§. 113. Une autre matière que je regarde comme le fond des Vosges ; parce que je l'y ai trouvée presque partout, c'est une pierre très-dure, presque noire, au moins d'un gris foncé, et à très-petits grains : on a prit celle de Raon l'Étape, pour du basalte : ailleurs, on l'a regardée comme de la lave. M. de Saussure à qui j'en ai montré qui venoit de la sommité du Ballon de Sultz, me dit seulement que ce pouvoit être un grès très-fin durci par le fer : d'autres la nomment *roche-quartzeuse*.

Cette pierre si dure, je l'ai vue dans la rivière, près de Senones, réduite en une espèce de pierre à rasoir : ailleurs je l'ai trouvée feuilletée comme de l'ardoise, sous les gouttières des toits et dans des ruisseaux. J'ai quelque soupçon que les jaspes perdent, quelquefois, leurs couleurs, et se réduisent à cette pierre commune ; car j'ai vu, en plusieurs endroits, des nuances bien marquées et bien suivies, dans un même rocher, entre ces deux espèces de pierre.

SIXIÈME CANTON.

La ligne de la séparation des eaux de l'Océan et de la Méditerranée, depuis un point dit le Haut-de-Salins, *près de la Marche, sur la route de Bourbonne à Nancy, jusqu'à la montagne dite la* Haute-Joux, *trois lieues Sud de Cluny.*

§. 114. La chaîne de montagnes, qui forme cette ligne de la séparation des eaux, borde la vallée de la Saône à l'Occident et se trouve, à-peu-près, parallèle et à même hauteur avec la chaîne du Jura qui borde la même vallée à l'Orient. La première se soutient, assez bien, depuis la Marche jusqu'à un point dit *Montoillé,* proche Pouilly; elle est cependant déjà coupée en quelques endroits, dans cet intervalle; et elle l'est beaucoup plus, ensuite : il se trouve, dans cette suite de sa direction, plusieurs montagnes isolées, presque arrondies, de même hauteur que toute la chaîne; telles sont le Mont-de-Suin, le Mont-Saint-Vincent, le Mont-de-Reme, et Rome-Château. Elle se relève beaucoup à la *Haute-Joux;* car les plus hautes sommités de toute la chaîne ne vont qu'à 290 ou 300 toises au-dessus de la mer; celle-ci se trouve, tout-à-coup, à 510. Je ne les ai pas suivies plus loin.

§. 115. Le fond de toute la chaîne est calcaire;

mais il s'y trouve des matières étrangères presque
tout le long. J'ai déjà dit, (§. 111), que dans la
partie N-E, depuis la Marche jusqu'à Dijon, il y avoit
beaucoup de grès, surtout en suivant la lisière orientale. Les pétrifications de toute espèce sont aussi
très-communes dans toute la chaîne : il y a une carrière, sur le territoire de Cohon, près de Langres,
entièrement composée de débris de palmier-marin :
les montagnes voisines, à l'Ouest, en sont aussi
composées, en grande partie.

Depuis Langres à Dijon, en suivant le dessus de
la montagne, beaucoup de carrières de pierre blanche, isolées les unes des autres, et presque toutes situées sur les points les plus hauts : il y en a d'un
grain très-fin, où l'on tire des blocs, de grosseur à
volonté, pour en faire différens ouvrages : c'est de
là que viennent les cercueils de pierre si communs
dans les environs. Dans d'autres carrières, les grains
sont plus gros, et dans quelques-unes les pierres
sont gelisses. Je remarquai que les plus dures étoient
mêlées de pétrifications.

C'est, à-peu-près, dans ces mêmes derniers cantons
que l'on trouve le plus de laves tégulaires ; elles sont
à la surface, sonores et d'un bon usage ; elles se
délitent facilement. On trouve beaucoup de mines
de fer en grains, dans la partie S-O de la chaîne,
surtout dans les environs de Dijon. Il y a des granits

et des grès en quelques endroits , surtout près d'Ar-
nay-le-Duc et Suin.

§. 116. Je finirai cet article par deux faits assez
remarquables; l'un près de Baume–la-Roche, à 3 ou
4 lieues N-O de Dijon, où l'on voit bien distincte-
ment ce qu'on appelle le manteau ou la couverture
de la terre. C'est une montagne, vraie roche, escarpée, lavée par les eaux, couronnée d'une matière
toute différente, calcaire cependant, mais par morceaux plus ou moins gros mêlés de terre, sur l'é-
paisseur de 5 à 6 pieds. L'autre fait, ce sont des
montagnes, à tête isolées, entièrement recouvertes
comme un chantier de tailleurs de pierre, de morceaux contigus, de toute sorte de figure, du poids
de 3, 4 ou 5 livres, sur un quart de lieue carré,
mais sans un grain de terre ni d'autre matière sur
les pierres.

SECONDE PARTIE.

§. 117. *Extraits des observations géologiques de plusieurs auteurs et voyageurs, hors des cantons dé-
cris, ci-dessus ; pour servir à généraliser les conséquences qu'on en peut tirer sur le changement de
la surface de la terre, et sur son enveloppe formée
par une grande révolution.*

1°. LE cours du Rhône, depuis le fort de l'Écluse
jusqu'à son embouchure, par M. de Saussure.

2°. Depuis le Mont-de-Sion, au bas de Genève,
jusqu'à Gênes, en passant par le Mont-Cenis, par le
même.

3°. La, ci-devant, Lombardie et l'Égypte, par
M. de Dolomieu, avec son opinion sur le calcaire.

4°. Les pays volcaniques.

5°. Le, ci-devant, Languedoc, aux environs d'A-
lais, avec les Cévennes.

6°. Les Pyrénées, par M. Ramond.

7°. Le cours du Rhin, depuis Mayence jusqu'à la
mer, avec les environs, par M. de Luc.

8°. Extrait du premier volume des minéraux de
M. de Buffon.

9°. Plusieurs pays parcourus par M. Guettard.

10°. La Sibérie, par M. Patrin.

11°. Les Philippines, et autres îles, par M. Gentil.

12°. Corps marins répandus sur tous nos continens.

13°. Os d'éléphans, de rhinocéros, etc., répandus dans les régions septentrionales.

14°. Plantes étrangères.

15°. Mines de charbon de terre et bois fossiles.

1°. *Le cours du Rhône, depuis le fort de l'Écluse jusqu'à son embouchure.*

§. 118. L'ouverture, où passe le Rhône, au bas du fort de l'Écluse, paroît avoir été creusée par la grande débâcle. On voit, au-dessous, beaucoup de fragmens de pierres alpines semblables à celles de la plaine du lac de Genève. Le pied de la montagne, dite *le Credo*, 2 lieues plus bas que le fort, est composé de grès, de sable et d'argile, avec un mélange de quantité de cailloux de différens genres. Dans tous ces environs, de chaque côté du Rhône, mélange de montagnes calcaires et de collines composées des débris des Alpes : grande variété dans les couches de ces montagnes; il y en a de très-inclinées, des verticales, des arquées, des cunéiformes, etc.

Depuis Cerdon jusqu'à Lyon, plaines couvertes de cailloux roulés, surtout, de quartz ou de grès durs : on y en voit aussi quelques autres, comme schistes micacés, schistes de hornblende, serpentines, etc. : et, plus on descend, plus ils sont de différens genres.

De Lyon à Marseille.

§. 119. Depuis Lyon jusqu'à la mer, des deux côtés du Rhône, montagnes ou collines calcaires, souvent, avec des coquillages; et, fréquemment, en alternative avec des collines de grès, de poudingues et de cailloux : les couches de ces différentes matières alternent, quelquefois, dans une même montagne : et, sur la droite du Rhône, il y a des montagnes, singulièrement, entremêlées de roches calcaires et de roches de granit, ou granitoïde.

Dans le lit du Rhône et sur les deux rives, à grande distance, et à grande profondeur, et aussi sur des plateaux fort élevés, une immense quantité de cailloux roulés, sans interruption jusqu'à la mer, surtout entre Lyon et Vienne, entre Saint-Vallier et Auberive, entre l'Isère et Valence, entre Montelimar et Avignon et dans la plaine singulière de la *Crau.* Dans ce trajet on peut remarquer, particulièrement, quatre objets dignes de l'attention des naturalistes.

1°. Près d'Auberive, entre Tain et Vienne, un banc d'un beau sable blanc quartzeux de 20 pieds d'épaisseur, au moins, qui se prolonge assez loin : il ne contient aucun caillou ni autre corps étrangers ; mais il est recouvert d'un banc d'argile surmonté d'une grande épaisseur de cailloux roulés.

2°. Un peu plus loin, dans des excavations considérables, entre du sable et des cailloux, un bloc énorme d'une roche alpine, primitive et dure ; on l'a brisée pour la construction d'un pont.

3°. Près de Vienne, un rocher de granit en masse, parfaitement caractérisé et à grains assez gros, renferme un rognon de gneiss, à-peu-près, ovale, de 12 pieds de longueur sur 6 de hauteur. M. de Saussure est assez indécis sur l'explication de ce phénomène. Pour moi, je croirois ce bloc transporté avec les grains du granit qui se seroient durcis pour former un granit secondaire, comme il seroit arrivé à la roche alpine précédente, si le sable et les cailloux s'étoient durcis.

4°. Parmi les cailloux roulés du Rhône, il y en a de basalte, même sur la rive gauche, à 1 et 2 lieues du fleuve, et des colonnes basaltiques de plusieurs quintaux, à des hauteurs que ce fleuve n'a jamais pu atteindre : ils viennent de la rive droite, puisqu'il n'y a ni volcans ni montagnes basaltiques, sur la gauche.

§. 120. La plaine de la *Crau* mérite aussi une attention particulière ; elle est à 4 ou 5 lieues Est d'Arles ; sa forme est triangulaire ; le sommet du triangle est tourné vers la mer ; et sa surface est d'environ 20 lieues carrées. La plaine entière est couverte d'une énorme quantité de cailloux roulés, presque de toutes espèces, et même calcaires; mais l'espèce la plus fréquente est un quartz grenu ou grès dur, fragile, écailleux qui forme près de la sept huitième partie. Tous ces cailloux reposent, immédiatement, sur un poudingue composé d'argile, de sable et de gravier liés par un gluten spathique calcaire, et qui a quelquefois 50 pieds de profondeur.

M. de Saussure croit que ces cailloux de quartz grenu si abondans à la *Crau*, qu'on trouve aussi aux environs d'Orange et en plusieurs autres endroits, sont les débris de quelques montagnes voisines détruites par la débâcle : j'en ai vu de pareils, en grande quantité, dans les restes du plateau de grès-poudingues qui recouvroit, autrefois, les Vosges, et dans les poudingues de la lisière occidentale des Alpes : la débâcle pourroit bien les avoir amenés, depuis-là.

2°. *Depuis le Mont-de-Sion jusqu'à Gênes, par le Mont-Cenis.*

§. 121. Du Mont-de-Sion à Montmélian, mélange alternatif de montagnes calcaires et de collines de débris, parmi lesquels y a beaucoup de grès et de cailloux roulés : la montagne de Clermont en est entièrement composée, avec des blocs calcaires et de grès différens de ceux de la montagne. Près de Mians, *les*

cailloux sont d'origine alpine, et les collines, qui en
sont composées, sont isolées et comme semées parmi
les calcaires : dans ce trajet beaucoup de couches fléchies et ondées en C, en S, et autres formes plus singulières.

La montagne de Saint-George, près d'Argentière,
est une roche feuilletée, mêlée de mica, de quartz
et de feld-spath, qui paroît froissée, brisée et comme
composée de pièces détachées. On y trouve beaucoup de mines; on voit aussi, à sa surface, jusqu'à
2 ou 300 toises de hauteur, des cailloux roulés étrangers à son sol, dont plusieurs ont 2 pieds de diamètre.

Parmi les cristaux de feld-spath qui sont dans les
granits veinés des environs, il y en a des *arrondis;*
ce qui paroît prouver que ces granits sont de seconde
formation. Au bas de la vallée de l'Arc, les montagnes sont des roches semblables à celles d'entre Saint-
Maurice et Martigny, c'est-à-dire, que ce sont des
débris de toutes les montagnes qui bordent cette
rivière.

§. 122. Comparaison des deux côtés de la chaîne
des Alpes, près du Mont-Cenis.

Cette partie des Alpes, du côté de l'Italie, comme
du côté de la Savoie, est bordée par des amas considérables de sable, de cailloux roulés, de blocs détachés de ces mêmes Alpes, et amoncelés par des

courans d'eaux d'une grandeur et d'une force incomparablement supérieures à celles des courans que nous voyons actuellement dans les Alpes.

Du côté de l'Italie.	*Du côté de la Savoie.*
1°. Les Alpes se terminent d'une manière nette et tranchée.	1°. Les bords de la chaîne s'abaissent par gradations insensibles.
2°. La première ligne est étroite et remplie de roches magnésiennes.	2°. La première ligne est très-large et calcaire.
3°. La seconde ligne, point d'ardoises, mais roches quartzeuses micacées.	3°. La seconde ligne, ardoises et ensuite roches quartzeuses micacées.
4°. En approchant du centre, granit veiné.	4°. Roches de petrosilex, de mica, de feld-spath.
5°. Calcaires et enfin magnésiennes qui forment la ligne la plus voisine de la chaîne centrale.	5°. Roche de corne, ensuite alternatives répétées d'ardoises, de calcaires et enfin de petrosilex.
6°. Point de gypse.	6°. Gypse, en beaucoup d'endroits, dans l'espace de dix lieues, depuis Saint-Jean de Maurienne jusqu'au milieu de la plaine du Mont-Cénis.
7°. La pente des Alpes est très-rapide et les escarpemens fort grands.	7°. La pente n'est pas si rapide ni les escarpemens si grands.

Les cimes les plus hautes du Mont-Cénis sont, en entier, de schistes micacés plus ou moins mêlés de calcaire; et les granits en masse et feuilletés sont relégués loin de la chaîne centrale, pour ne former que des montagnes du second ordre; tandis que, dans plusieurs autres parties des Alpes, et dans diverses autres grandes chaînes de montagnes, les granits occupent la chaîne centrale et forment les cimes les plus élevées (1). En plusieurs endroits, des couches fléchies, ondées et repliées sur elles-mêmes, recourbées en C, en S : ce dernier accident n'étant souvent que par petites places, on ne peut pas supposer que le gros de la montagne ait été renversé, soulevé, affaissé.

A la montagne de *Picheriano* et à la hauteur de 250 ou 300 toises, cailloux roulés et, même, des blocs de différens genres; étrangers entr'eux et au sol qui les porte, accompagnés de sable et de gravier : il y a des granits en masse et des veinés, des pierres calcaires, des roches de hornblende, des granitiques, etc. Il faut, dit M. de Saussure, que le courant d'eau qui les a déposés, ait été bien considérable pour avoir pu remplir toute la vallée, d'une demi-lieue de large et s'élever à cette hauteur : les eaux des pluies n'auroient jamais formé un volume si grand ni si impétueux.

M. de Saussure, (art. 1302), conclud, de tous

---

(1) Je croirois que ces montagnes auroient été abattues par la grande débâcle qui les auroit ensuite recouvertes des matières qu'on y voit; comme il pourroit bien être arrivé aussi aux Pyrénées et aux Cévennes, etc., où l'on voit le même phénomène.

ces faits, que ce ne sont pas des causes, dont l'action fut uniforme et régulière, qui ont présidé à composer ces montagnes et à leur donner l'arrangement et la forme du désordre où nous les voyons; qu'il faut que ce soient ou des causes différentes, ou une cause unique dont l'action pouvoit être modifiée par une foule de circonstances locales; que ce ne sont pas cependant des feux souterrains, puisqu'on ne voit aucun vestige de leur action.

Gênes et les environs.

§. 123. La base de la ville de Gênes est composée de rochers calcaires : on y voit la plus grande variété dans la situation de leurs couches, d'abord inclinées; puis verticales; puis encore inclinées; puis horizontales dont quelques - unes paroissent reposer immédiatement sur des verticales; d'autres courbées comme des arcs qui se touchent par leur convexité; mais toutes courent du Nord au Sud ou à-peu-près.

L'église, dite *Notre-Dame de la Garde*, est située sur la cime d'une montagne la plus élevée des environs, à 3 lieues N-O de Gênes et à 422 toises au-dessus de la mer. Cette cime est composée d'une serpentine *grenue*, en parties détachées, les unes en grains, les autres de formes irrégulières et en décomposition; au-dessous, ardoises non effervescentes; plus bas, recommencent les serpentines sous lesquelles qu'elles se trouvent des calcaires avec des veines et des rognons de spath et de quartz ; ensuite , schiste calcaire avec une écorce d'ardoise ; puis calcaire sans écorce ; et, ainsi, alternative de calcaire et d'ardoise jusqu'auprès de Gênes.

La montagne de *Porto-Fino*, près de Gênes, à l'Est, élevée d'environ 300 toises au-dessus de la mer et très-étendue, est entièrement composée, jusqu'au sommet, de cailloux roulés et arrondis, depuis 3 lignes jusqu'à 5 pieds de diamètre, liés entr'eux par une pâte de sable et d'argile, presque tous calcaires ; point de granits, ni porphyres, ni roches micacées quartzeuses ; seulement quelques quartz, quelques serpentines, surtout, vers le haut de la montagne : les couches sont relevées, à l'Ouest, ce qui paroît prouver que cet amas prodigieux de cailloux roulés est venu de l'Est.

Nota. Toutes ces montagnes paroissent des attérissemens de la grande débâcle qui a transporté et arrangé ces matières, à différentes reprises : les cailloux de la montagne de *Porto-Fino*, évidemment transportés, et les alternatives répétées d'un mélange de différentes matières de la montagne de *Notre-Dame de la Garde*, en sont une preuve. D'ailleurs, dans une partie des montagnes voisines, rien de régulier dans leur direction, ni dans leurs dos, ni dans les vallées qui les séparent ; effets produits

par de grandes eaux agitées en différens sens, et
creusant des plateaux de matières nouvellement déposées.

On peut en dire autant de toutes les montagnes
voisines de la mer depuis Gênes jusqu'à Marseille, au
moins, pour leur enveloppe qui recouvre, peut-être
quelques parts, des noyaux d'anciennes montagnes;
cette enveloppe est en effet un mélange, en alternatives très-fréquentes et à différentes doses, de toutes les matières et même de pierres déjà formées,
des Alpes, du Jura, des Vosges et des pays volcaniques : on peut en voir les détails dans le troisième
volume des voyages de M. de Saussure. Ce grand
naturaliste attribue tous ces faits surprenans à différentes révolutions, par lesquelles la nature a cessé
de produire des montagnes d'un certain genre, pour
venir à en produire d'un genre différent. Il auroit
pu ajouter, comme dans son résumé du Mont-Cénis,
ou *à une révolution unique dont l'action pouvoit être
modifiée par une foule de circonstances locales.* C'est,
en effet, à une seule révolution, à la grande débâcle
que je crois qu'on peut attribuer tous ces phénomènes. Ces dépôts immenses reculèrent probablement les limites de la mer, et furent ensuite sillonnés par les dernières eaux.

3°. *La, ci-devant, Lombardie et l'Égypte, par*
M. Dolomieu, avec son opinion sur le calcaire.

La Lombardie.

§. 124. La plaine immense de la Lombardie, contenue entre les Alpes, les Apennins et la mer Adriatique, est évidemment formée, dans sa plus grande partie, par l'accumulation de débris de toutes espèces, terres, sables, cailloux roulés, étrangers au sol qu'ils occupent. Plus on s'éloigne des Alpes, plus les couches paroissent enfoncées au-dessous de la surface du terrain; phénomènes communs à toutes les grandes plaines connues.

Les Apennins, comme les Alpes, sont, presque partout, bordés de collines composées de sables, de graviers et de cailloux roulés. Les sommets élevés de 200 toises, occupés par les hermitages des Camaldules, près de Turin, méritent particulièrement l'attention des géologues : c'est un grouppe de montagnes formées par un amas immense de matériaux accidentellement réunis; gros blocs de granit d'un poids énorme; des pierres, de tous les genres, en masses arrondies, enveloppées par des marnes coquillières et placées entre des bancs de pierres où les détritus des schistes micacés et des autres roches primitives sont agglutinés avec des coquilles maritimes, sur une longueur de 3 lieues du Nord au Sud et sur une largeur d'une lieue. Le tout isolé entre la vallée des Aniers et la plaine de Turin, et à grande distance des montagnes auxquelles ont pu apparte... toutes ces roches.

M. de Saussure dit de même, (art. 1304 ... ...la montagne sur laquelle est bâtie l'église de *Sup...e*, près de Turin, est composée de couches alternatives de sable, d'argile et de pierres calcaires argileuses ; que les couches calcaires *solides* du bas de la montagne ne renferment point de cailloux roulés, mais des débris de coquillages marins ; que la pente de la montagne et sa sommité sont couvertes de gravier, de cailloux et, même, de blocs roulés de granit, de porphyre et surtout de serpentines ; que ce sable, ces cailloux, ces blocs ont été chariés par la débâcle.

L'Égypte.

§. 125. L'Égypte se divise en basse et haute Égypte. La haute Égypte est une longue vallée qui court du Sud au Nord : elle a cent soixante et dix-sept lieues de longueur, depuis le vieux Caire jusqu'à la première cataracte ; mais la vallée continue encore bien loin dans la Nubie. Elle est bordée, presque continuellement, à l'Est, par des escarpemens verticaux de pierres calcaires coquillières ; la chaîne à l'Ouest est de même matière, mais avec des pentes plus douces et un sable blanc qui recouvre les rochers.

Le fond de la vallée a toujours moins de six lieues de largeur ; et, en plusieurs endroits, il y a des resserremens qui laissent à peine le passage au Nil, mais point d'angles saillans et rentrans.

Dans la longueur de la vallée, il y a trois passages qui conduisent à la Mer-Rouge ; on y voit d'immenses escarpemens : il n'y a point de passages dans la chaîne opposée.

Cette vallée se termine, subitement, par la séparation des deux chaînes : l'orientale est comme coupée et présente ses escarpemens au Nord ; l'occidentale décline vers le N-O, s'abaisse graduellement et finit par des petites collines sablonneuses.

Cette vallée, comme remarque M. Dolomieu, n'a pas pu être creusée ni par le fleuve ni par la mer !

La basse Égypte a 80 lieues de large : on y voit des rochers calcaires épars qui sont en place, comme des îles au milieu des terres : il y en a aussi sur le bord de la mer : ces rochers sont des lambeaux d'un sol plus solide et plus ancien que les attérissemens actuels et qui a été détruit.

M. Dolomieu pense que le sol actuel de la basse Égypte n'est pas, *en entier*, l'ouvrage du Nil ; toutes les limites qui la circonscrivent, sont des sables quartzeux qui forment des hauteurs où ce fleuve n'a jamais pu atteindre : et qui, étant de même nature que ceux de la Lybie et des déserts de l'Arabie, pa roissent avoir la même origine. Malgré cela, les travaux du Nil ont encore près de mille lieues carrées.

Le calcaire n'est pas le produit de la décomposition des corps organisés.

§. 126. C'est ainsi que s'exprime M. Dolomieu, journal de physique, t. 39, p. 9. Les raisons, qu'il en donne, sont; 1°. que la terre calcaire, étant une partie constituante du pétrosilex et du feld-spath qui sont les élémens du granit, est aussi ancienne que ces roches primitives; 2°. que les montagnes calcaires, étant fréquemment mêlées avec les vitrescibles, elles leur sont contemporaines; en effet, dans le Tyrol, les bases des montagnes primitives sont entremêlées de bancs de pierres calcaires homogènes ou micacées qui s'élèvent avec elles, à différentes inclinaisons qui approchent de la verticale; et, de plus, les calcaires recouvrent presque toutes ces montagnes : dans les Pyrénées, les calcaires sont mêlées avec les roches composées, de manière à ne pouvoir douter qu'elles ne soient contemporaines : au *Val-Demossa*, en Sicile, on voit des bancs calcaires se prolonger sous des montagnes granitiques et s'élever du milieu d'elles : en Corse, on trouve aussi la pierre calcaire, dans des montagnes totalement isolées, au milieu des granits et beaucoup plus élevées que celles du second ordre; mais, ce qui étonna, le plus, M. Dolomieu, fut de trouver, au centre d'un énorme

massif de granit, ouvert avec la poudre, des morceaux gros comme le poing et au-dessous, de spath
calcaire, non pas dans des cavités particulières, mais
incorporés avec le feld-spath, le mica et le quartz,
faisant masse avec eux, de manière à ne pas pouvoir
se rompre sans les entraîner avec lui : rien de plus
commun, en Sibérie, dit M. Patrin, que de voir les
roches les plus anciennes et le granit, même, mêlées
d'une substance calcaire qui en fait partie constituante, et du spath calcaire dans du granit : M. Le-
febre en rapporte plusieurs exemples qui lui firent
enfin abandonner l'opinion contraire. Journal de physique, tom. 39, pag. 354.

Dans les Alpes, au-dessus de la vallée de Saace,
Val-Sosa, aux environs du village de Phé, 1000 toises au-dessus de la mer, je trouvai beaucoup de gros
fragmens calcaires mêlés avec des primitifs, qui,
tous à angles vifs, n'étoient pas venus de loin; cependant il n'y a plus, aux environs, de montagnes
calcaires plus élevées : que sont-elles devenues? Elles
ont été détruites, du moins, en partie, et les restes
recouverts par les débris. M. de Saussure, (art. 1012),
trouva le même mélange de fragmens calcaires et primitifs dans la moraine du glacier de la Valsorey, à
1288 toises au-dessus de la mer, sans montagnes calcaires. Ce sont ces mélanges qui ont fait dire à cet
observateur judicieux, (art. 1005), et ailleurs, qu'on

s'étoit trop hâté de classer les différens ordres de montagnes, et d'établir des limites précises entre les primitives et les secondaires.

4°. *Les pays volcaniques.*

§. 127. Il a été un temps où l'on ne connoissoit point de volcans en France ; mais la vue des volcans étrangers et de leurs différentes productions fixa l'attention des savans sur cet objet : on vit des matières analogues à celles de l'Etna ; on les examina ; on rechercha les cratères ; on en trouva, et on se convainquit que ces matières étoient vraiment volcaniques ; et qu'il y avoit eu des volcans dans les régions voisines.

Mais on est allé trop loin : on a cru qu'il y avoit eu des volcans partout où l'on avoit trouvé des laves compactes ou des basaltes, quoiqu'il ne s'y trouva plus ni laves spongieuses, ni scories, ni cendres, ni même de cratères. L'erreur est venue de ce qu'on n'a pas fait attention au transport et au mélange prodigieux des débris de la surface de la terre ; en effet les matières volcaniques qui existoient à cette époque, furent sujettes à ce transport comme toutes les autres ; et les plateaux, qui en étoient recouverts, furent sillonnés comme les autres montagnes.

Je n'entrerai pas, ici, dans la question, savoir si toutes les matières, qu'on appelle laves et basaltes, en sont véritablement; je le supposerai et même que ce sont des produits du feu; mais je dis que beaucoup ne sont pas dans leur pays natal, et que l'on a tort de prendre, pour cratères, des lacs, des enfonce-mens, des cavernes, et même toutes les pointes de montagnes élevées en forme de pain de sucre tron-qué, par la seule raison qu'il y a des laves qui ne sont pas éloignées. Je n'en donnerai, pour preuve, que les descriptions que plusieurs savans naturalis-tes nous ont données des pays volcaniques, et qui prouvent des matières transportées et arrangées par de grandes eaux.

M. Desmaret a vu, dans les cantons où domine ce qu'il appelle produits du feu de la troisième épo-que, des massifs de laves ensevelis sous un assem-blage de couches horizontales composées ou de subs-tances calcaires et argileuses nullement altérées par le feu, ou bien formées de matières volcanisées, dé-posées par bancs entremêlés avec les couches de ma-tières intactes : parmi ces dépôts il y a des lits fort épais de cailloux roulés qui sont des *laves de plu-sieurs espèces*. Les dépôts qui recouvrent ou qui en-veloppent les massifs énormes de laves ont quelque-fois une épaisseur de cent à cent cinquante toises, à couches suivies et régulières.

M. Reynaud de Montlosier, en parlant des anciens volcans, dit qu'on trouve assez fréquemment, en Auvergne, des pics isolés, coniques, dont le sommet, au lieu d'être foré, présente, au contraire, un rocher vif comme l'acier, composé de colonnes prismatiques placées, en forme de chapiteaux, sur une base de pierre calcaire ou de granit, sans aucun indice de cratères ni de scories, sans même aucune apparence de désordre ni de dérangement dans l'ordre primitif des couches de la montagne. On voit aussi, dans les mêmes cantons, des cimes presque inaccessibles, des montagnes d'une élévation considérable et, surtout, des arêtes longues et étroites, recouvertes de laves, par des encroûtemens de soixante à quatre-vingts pieds de profondeur, qui paroissent comme suspendus entre deux vallées larges et profondes, sans qu'on en trouve sur les revers des montagnes ni dans le fond des vallées.

D'autres montagnes sont composées, à grande profondeur, de matières non volcanisées, étrangères les unes aux autres et, même, incrustées dans des matières différentes; le tout mêlé *de scories et de laves noires et spongieuses;* et, en général, point d'anciennes laves qui ne soient encore gissantes sur des lits de gravier, de cailloux, de sable, de tout ce qui caractérise le sédiment des eaux.

M. Monnet nous parle de deux montagnes couvertes d'une immensité de blocs de granits et de pierres volcaniques qui s'étendent aussi dans les en-

virons, et de beaucoup de blocs de quartz blancs
répandus, çà et là, sur la surface de la terre; il y
en a près d'Aurillac et, même, des tas amoncelés
dans la craie; et, de plus, une montagne entière,
près du village des bains du Mont-d'Or, en est composée; sans qu'on puisse savoir d'où ils sont venus;
puisqu'on ne trouve pas les analogues dans les montagnes voisines.

Les collines, situées entre le vieux Brisach et Lim-
bourg, sur la largeur de deux lieues, sont composées d'un mélange de plusieurs genres de pierres : on
y trouve des calcaires, des laves, des basaltes, des
cendres volcaniques ou tufa, des sables, des porphyres, des zéolites, etc.; les unes, à angles vifs;
d'autres, arrondies et même réunies en poudingues :
on y voit des alternatives de cendres volcaniques et
de pierres calcaires. M. de Saussure, qui nous donne
ces détails, les regarde comme l'ouvrage de grandes
eaux.

A la colline basaltique de *Scheibenberg*, on voit
trois couches de matières différentes, savoir une, de
sable caillouteux; une, d'argile et une, de wacke
sous le basalte; non pas seulement comme en l'en-
veloppant, mais comme formant sa base et en s'enfonçant sous lui. M. Werner extrêmement surpris,
en voyant cet arrangement, en conclut que le basalte
étoit un dépôt des eaux comme le sable, l'argile et

la wacke sur lesquels il repose ; que tous les basaltes constituoient, autrefois, une couche d'une
grandeur immense et fort épaisse recouvrant plusieurs montagnes primitives et secondaires ; que le
temps avoit détruit la plus grande partie de cette
couche et que toutes les sommités basaltiques nous
en montrent les restes.

5°. *Les environs d'Alais et les Cévènes.*

§. 128. M. l'abbé de Sauvage, décrivant les environs d'Alais, nous dit qu'à l'Est de cette ville, il
y a dix montagnes dirigées du N-E au S-O, qu'elles
sont à côté l'une de l'autre, et qu'aucune n'a au-delà
d'un quart de lieue de largeur, mais que quelques-
unes en ont dix de longueur.

Ces montagnes, quoique fort proches, étant très-
différentes, entr'elles, pour les matières qui les composent et, même, la plupart étant composées de
plusieurs matières différentes ; ce fait paroît intéressant pour la géologie ; c'est pourquoi je vais rapporter, en précis, ce qu'en a dit M. l'abbé de Sauvage.

1re. chaîne, la plus éloignée d'Alais, (elle n'en est
cependant qu'à deux lieues). On a creusé dans cette
chaîne de profondes carrières de pierres de taille,
dites *novacelle*, disposées par lits, tendres et calci-
nables et d'un blanc éblouissant : elles se durcissent
ensuite : on y trouve des noyaux qui arrêtent le

marteau du tailleur de pierre, et qui ne sont que des coquillages dont la robe ou le test semble être changé en matière cristalline. On trouve de pareilles pierres avec les mêmes noyaux, près de Montpellier.

. 2ᵉ. chaîne, en revenant du côté d'Alais, amas prodigieux de coquillages, presque tous, des tellines dont les valves, ouvertes ou fermées, sont jointes à l'endroit de la charnière ; ce qui n'arrive pas à celles que la mer abandonne sur ses bords ; preuve que les autres ont été transportées par un autre agent. Une veine d'environ deux toises, entre deux autres de matières différentes, contient, *seule*, prodigieusement de coquillages brisés.

3ᵉ. chaîne, asphalte, lits de sable et de charbon de terre alternatifs : le sable *seul* renferme beaucoup de turbinites entières.

4ᵉ. chaîne.

5ᵉ. chaîne, rocher graveleux, à grains arrondis, dont les menus grains sont, la plupart, de marbre ; le reste, cailloux vitrifiables ; le tout mélangé et fortement lié par un limon qui bouche les vides, mais point de coquillages.

6ᵉ. chaîne, composée dans ses montagnes et ses coteaux, sur une étendue de deux lieues, de rochers, en tas immenses de pierres à chaux de différentes grosseurs, d'un grain très-fin et serré, arrondies et liées par une terre d'un grain différent. Ces rochers

portent sur d'autres de différente nature : on les connoît sous le nom d'*Amenla*. La chaux en est très-bon-
ne ; mais il faut plus de temps pour cuire les pierres.
Ces rochers sont mêlés de coquillages fossiles de dif-
rentes espèces, confondus avec les pierres et répandus, dans toute l'épaisseur, jusqu'au fond du rocher.
On n'en trouve pas les analogues, dans les environs.

7ᵉ. chaîne.

8ᵉ. chaîne, les coquillages qui s'y trouvent sont,
principalement, des cornes d'Ammon mêlées, sans
ordre, dans les blocs des rochers.

9ᵉ. chaîne, grès de même nature que le terrain
où on les trouve ; il n'y a, dans ces grès, ni métaux
ni coquillages, mais des mines de charbon. Les mines de fer et des autres métaux sont séparées des
grès ; les filons traversent, quelquefois, plusieurs
montagnes de suite, toujours en ligne droite, sur
plusieurs lieues de longueur.

10ᵉ. chaîne, au sommet de la *Chenay*, les deux
premiers bancs sont composés, uniquement de coquillages : les bancs qui suivent, immédiatement,
n'en ont point ; mais les autres, en descendant, en
renferment une prodigieuse quantité de différentes
espèces, parmi lesquelles il n'y a que la pierre étoi-
lée, la griphite, et une espèce particulière de bé-
lemnite qui soient pétrifiées en cailloux ; ce qui pa-

roît prouver qu'elles étoient déjà pétrifiées avant
d'être réunies aux autres.

Au-dessous de tous ces bancs calcaires, il y a une
veine étroite de graviers vitrescibles, arrondis, de
la grosseur d'un œuf de pigeon, mêlés de coquillages
pétrifiés en cailloux.

On voit, dans toutes ces chaînes, des bancs en
toutes sortes de situations ; des horizontaux, des inclinés, plus ou moins, à l'horizon, des verticaux, des
convexes et repliés comme les pentes de la montagne.

Les Cévènes.

§. 129. Le terroir des Cévènes est composé, principalement, de talc et de granit. Le talc est une
pierre opaque composée de feuillets minces, très-
souvent, ondés, pliés, chiffonnés irrégulièrement et
en différens sens ; quand il est plat, on s'en sert pour
couvrir les maisons (1). Il s'y forme des veines blanches quartzeuses très-fragiles qui se cassent en morceaux qui approchent de la forme cubique. Dans le
canton nommé *Bresis*, ces morceaux ou cailloux forment une suite de coteaux fort élevés ; on en trouve
aussi, par lits, à une assez grande profondeur, avec

____

(1) Ce n'est pas proprement du talc, mais du schiste micacé approchant de l'ardoise.

des lits de sable fin, de gros graviers, de granit, de marbre noir et de cristal blanc.

Les granits des Cévènes, même, les plus solides et les plus compactes se détruisent et s'égrènent lorsqu'ils sont exposés aux injures de l'air. Ceux qu'on appelle, dans le pays, *cis* ou *citras* ne sont jamais par bancs, mais en blocs informes, entassés irrégulièrement et appliqués par des surfaces planes, dont on distingue facilement les joints par où ils se touchent. Ces rochers de granit sont mêlés indifféremment et sans ordre avec ceux de talc : une même montagne en est, quelquefois, mi-partie; quelquefois on trouve des cantons qui ne sont que de granit et d'autres de talc, sans aucun mélange d'autres pierres.

On voit, mais rarement, les blocs de granit traversés par des veines blanches fort droites, d'environ un pouce d'épaisseur, égales dans toutes leur longueur qui ne passe pas deux toises. Ces veines sont interrompues brusquement, et leurs extrémités sont coupées carrément des deux côtés. Ces rochers sont aussi parsemés de morceaux parallélipipèdes des mêmes veines blanches, d'environ un pouce de longueur et compris entre deux plans parallèles : et quoiqu'ils soient épars çà et là et sans aucun ordre marqué, ils sont cependant distribués de façon qu'il n'y a point de surface de rocher, d'un pied carré, qui

ne

ne porte un ou deux de ces fragmens. Point de co‑
quillages dans le talc ni dans le granit des Cévènes,
mais beaucoup de mines métalliques.

M. Montet, dans les Mémoires de l'Académie des
Sciences de Paris, nous dit que les Cévènes ont com‑
munément un côté beaucoup plus rapide que l'autre
et que leur crête est fort étroite. Le schiste et l'ar‑
doise s'étendent sur toute la surface du haut de la
montagne qui est vis-à-vis et à 12 lieues de Mont‑
pellier : ce canton schisteux est précédé, en mon‑
tant, par les granits et par conséquent plus élevé.

Beaucoup de blocs de granit isolés et hors de terre,
à laquelle ils ne tiennent que par la surface, de for‑
me ovale et polis, répandus en beaucoup d'endroits
éloignés des montagnes granitiques et, même, quel‑
quefois sur de hautes montagnes : dans la paroisse
de Mandagout ils sont en si grande quantité qu'ils se
touchent presque : parmi tous ces blocs il y en a qui
ont plusieurs toises de diamètre.

6°. *Les Pyrénées, d'après les observations de*
M. Ramond.

Leur structure.

§. 130 Les Pyrénées sont une seule chaîne de
montagnes, simple et régulière, dirigée de l'O. N-O
à l'E. S-E. Sur la longueur de 20 à 25 lieues, et sur
la largeur de 2 à 4.

P

Nota. La direction générale de la partie des Alpes, depuis le Saint-Gothard jusqu'au Petit-Saint-Bernard, étant du S-O au N-E, ces deux directions se coupent sous un angle de 67 degrés 30 minutes).

La chaîne totale des Pyrénées est composée de plusieurs bandes de monts (ou chaînes de montagnes) parallèles à la direction générale, non continues; mais séparées (sur la longueur) en plusieurs chaînons formés (chacun) par une montagne primordiale enveloppée des débris de couches secondaires (ce qui forme des vallées longitudinales dans la même direction). Les chaînons s'entrelacent et un va mourir entre deux autres qui prennent le dessus à leur tour. En s'élevant, il paroît, d'abord, qu'il n'y a qu'entassement confus de montagnes; mais, à une certaine hauteur, on voit des distributions; tout se classe et l'ordre prend la place de la confusion.

Les grandes bandes (ou chaînes de montagnes), s'élèvent graduellement, en amphithéâtre, depuis les plaines de France et d'Espagne jusqu'à la bande la plus haute qui forme la crête de la chaîne totale, mais plus insensiblement du Nord au Sud et de l'Océan aux sommités centrales que du Sud au Nord et du côté de la Méditerranée. Les chaînons du côté de la France sont, de même, plus rapides au Sud qu'au Nord.

La plus grande hauteur des Pyrénées paroît être
entre la Bigorre et le comté de Comminges, d'un
côté, et les extrémités de l'Arragon et de la Cata-
logne, de l'autre. La crête s'élève rapidement jusqu'à ce point depuis la vallée d'Ossau : elle redescend
de même en se courbant vers le Nord, depuis la vallée d'Arau, jusque dans le comté de Foix; où, après
environ trente mille toises, elle se relève considérablement en se repliant au Midi; elle se soutient
pendant quelque temps, et retombe brusquement
au niveau de la mer dans le Roussillon, formant ainsi,
en quelque sorte, une seconde chaîne; c'est pourquoi M. Ramond considère les Pyrénées comme composées de deux chaînes principales; l'une depuis l'O-
céan jusqu'à la Maladetta, l'autre lui succède jusqu'à la Méditerranée : leurs directions sont en lignes
droites, mais séparées par la flexion et le grand abais-
sement au Nord : les plus grandes hauteurs de l'une
et de l'autre sont plus voisines de leur extrémité
orientale que de l'extrémité opposée; et la première
de ces deux chaînes, étant la plus méridionale, est
aussi celle qui atteint la plus grande élévation; mais
l'une et l'autre étoient, autrefois, beaucoup plus élevées, et ne formoient qu'une crête droite et continue : on voit trop de signes de subversion pour que
l'infériorité actuelle du granit soit une preuve de son
infériorité originaire; partout des vestiges du chan-

gement de niveau. Ce fait est général pour toutes les montagnes de notre globe et solidement établi. Les affaissemens de Deluc et les soulèvemens de Saussure ne font que l'expliquer en différente formule.

C'est le premier chaînon du Sud (*le plus près de la crête*) qui forme la crête actuelle dans les Basses-Pyrénées; et c'est le premier chaînon du Nord qui la forme entre le Couserans et le comté de Comminges où elle s'abaisse beaucoup.

Il y a aussi beaucoup de vallées transversales perpendiculaires à la direction de la chaîne générale : on voit, presque dans toutes, plusieurs bassins et plusieurs défilés , monumens du long séjour des eaux stagnantes et de leur fuite tumultueuse : leurs profondeurs étoient remplies de couches intermédiaires, débris des hautes montagnes, dont il reste encore beaucoup de traces qui sont ou des dépôts ou des ruines, preuves ineffaçables d'une grande altération du plan primitif, opérée dans le trouble et la confusion. La destruction semble ne point connoître de bornes; le colosse entier des monts a été bouleversé; tout a été divisé; l'existence du Mont-Perdu suppose bien d'autres destructions; lui-même a été tout dérangé.

Aussi voit-on des éboulemens immenses, surtout, de blocs de granit descendus du haut des monts jusqu'au plus profond des vallées : il y a de ces blocs dé dix mille à cent mille pieds cubes : on en trouve enfouis dans des terrains de transport, ou laissés, à découvert, sur des croupes de montagnes : des amas de cailloux roulés forment la lisière de toute la chaîne, surtout à l'embouchure des vallées.

Dans la plaine, au Nord des Pyrénées, on ne voit que des coteaux entièrement, formés de granit, de hornblende en masse, de serpentine, de porphyroïdes et d'une immense quantité de marne, d'argile et de smectite qui proviennent de la décomposition des montagnes : la surface des plaines en est aussi composée et les profondeurs de la mer en sont remplies. Il paroît que les plaines du Roussillon ont été conquises sur la mer par de pareils dépôts.

En plusieurs endroits, couches horizontales, en alternative, avec des verticales, à côté les unes des autres ; il y en a aussi qui sont superposées les unes aux autres, alternativement. Les couches inclinées participent à l'inclinaison du sol sur lequel elles ont été déposées : ailleurs, on en voit, d'une espèce, inclinées dans un sens ; et d'autres au-dessus, d'espèce différente, inclinées dans un autre sens ; et d'autres plus hautes encore, dans une situation horizontale ; d'autres enfin, tantôt distinctes, tantôt alternes, tantôt confondues.

De plus, partout, ou presque partout, non-seulement irrégularité, entrelacement de couches de différente nature, mais mélange bizarre et confus de tous les élémens qui les composent, en s'y succédant ou en s'y confondant, sable, mica, argile, calcaire, granit même et autres matières hétérogènes, en amas encore plus considérables au Sud qu'au Nord, avec les signes d'un très-grand effort où l'on reconnoît l'effet d'une impulsion violente des matières déposées contre des obstacles qu'elle n'a pu vaincre; en sorte qu'il est indubitable qu'il y a eu une très-grande agitation des eaux qui brassoient indistinctement des matières d'origine diverse et de genre différent, les abandonnoient sans ordre, les déposoient sans suite et les tourmentoient sans relâche.

Dans cet état, point de bancs que l'on puisse soupçonner d'avoir été, originairement, réguliers, continus et d'une épaisseur uniforme : les calcaires compactes, les marbres sémi-argileux et les schistes des montagnes d'Estaubé; de même que les calcaires aréneuses, les brèches et les grès du Mont-Perdu semblent avoir été portés, les uns contre les autres, par des impulsions opposées qui les ont éparpillés, au point de contact, en veines courtes, irrégulières, tortueuses dont l'entrelacement constitue les masses intermédiaires.

Ce qui est encore plus singulier, ce sont les différentes formes aussi bizarres que variées, sous lesquelles ces différentes matières sont mélangées et entrelacées : on les voit s'enchevreter en un lacis de veines ondées, pliées, contournées, dont la confusion ne sauroit se décrire : le désordre se montre, particulièrement, entre le port de Pinède et le port Vieux : là, toutes les couches se tordant à la fois, entraînent avec elles les dernières veines du grès du Mont-Perdu ; et ce n'est pas leur plan seulement qui subit ces bizarres tortions ; la cause qui les a déterminées agissoit jusque sur leurs élémens ; un marbre, analogue à celui de Campan, renferme une multitude de nœuds coniques où les diverses matières qui le composent sont roulés en spirales et représentent autant de petits tourbillons particuliers aussi indépendans les uns des autres qu'étrangers aux flexions des bancs qui les contiennent.

Ce phénomène se représente dans une très-grande partie des Pyrénées : de plus, dans le pic d'Éres-Lids, le trapp, le pétrosilex, le grenat rouge, noir et blanc serpentent dans des couches droites de pierre calcaire : dans le pic du Midi, des bancs droits de granit, en masse, resserrent des bancs également droits de pierre calcaire, où parcourent de bizarres vermicelles de pierre de corne, de gneiss, et même de granit échappé à celui qui les encaisse.

Tout ce désordre se trouve, principalement, dans une bande fort large, parallèle à la chaîne totale, entre le granit et le secondaire : cette bande se lie

au granit par des nuances imperceptibles et au secondaire par la continuité d'un grand désordre, commun au Sud et au Nord : le désordre s'introduit avec
le mélange des matières et finit, presqu'entièrement,
avec lui. Les coquilles se déposèrent ensuite plus
tranquillement ; elles s'introduisirent dans les dépôts,
après l'agitation, et formèrent un chaînon qui porte
sur celui des couches tortillées.

M. Ramond ne croit pas que les suppositions re-
çues, ni séparément, ni toutes ensemble, telles
que les caprices de la cristallisation, le retrait, les
froissemens, les chocs, les refoulemens, etc., les
plus merveilleusement combinés puissent rendre raison des phénomènes précédens. Qu'on amollisse ces
masses, dit cet ingénieux observateur, qu'on les
plie, qu'on les froisse, qu'on les torde ; plus on sa-
tifera aux conditions de l'hypothèse et moins la co-
pie ressemblera au modèle : cependant, ajoute-t-il,
que l'on réussisse à résoudre le problême, sans mettre au premier rang de ses conditions, la place qu'occupe le systême de cette bande singulière entre les
systêmes dont elle fait la transition et dont elle confond les élémens ; voilà assurément ce que n'admet-
tent ni la nature, ni la disposition des matières, ni
la structure des masses, ni la comparaison des faits,
ni l'aspect des lieux (1).

____

(1) Nous verrons, §. 182, que la grande débâcle, qui

On trouve plusieurs cirques, surtout aux extrémités des vallées; mais le plus beau et le plus considérable est presqu'à la crête des Pyrénées, au-dessus de la vallée de Gavarnie, c'est le *Marboré*. Ce cirque est une aire sémi-circulaire dont l'enceinte est un mur vertical et dont le sol se creuse en entonnoir: ce mur, haut de 12 à 1400 pieds, est surmonté par les vastes gradins d'un amphithéâtre blanchi de neiges perpétuelles et couronné lui-même par des roches élevées en tours; le Mont-Perdu en est le sommet le plus élevé. Dix ou douze torrens tombent, de cet amphithéâtre, dans le cirque.

Il y a des escarpemens fréquens et très-profonds, dans toutes les Pyrénées, surtout, du côté du midi; mais le plus remarquable est un mur de rochers, qui domine toute la chaîne, de 3 à 600 pieds de hauteur, où se trouve la brèche de Roland d'environ 300 pieds d'ouverture: plusieurs de ces escarpemens sont tournés vers les montagnes centrales, mais écar-

---

a abattu les premières montagnes, qui a recouvert leurs noyaux des débris des plus hautes, a pu, en brassant les matières, les contourner, les rouler, les tortiller, en mille manières, et les déposer ensuite, alternativement, avec d'autres; tantôt, dans le calme, en bancs droits et suivis; tantôt, dans l'agitation, en bancs tortueux, repliés, désunis; et ainsi, de suite, former cette bande si extraordinaire.

tés d'elles par des vallons. Presque toutes les cimes granitiques sont hérissées de feuillets verticaux dont le plan est parallèle à la direction de la chaîne.

Nature des Pyrénées.

§. 131. Hors de la bande de transition dont on vient de parler et où tout est trouble, mélange et irrégularité dans les différentes couches et dans leurs élémens; on trouve des cantons où certaines matières dominent plus régulièrement.

Cantons des granits.

L'axe central est granitique et du plus beau granit de toute la chaîne : les deux chaînons les plus près de l'axe, de chaque côté, sont aussi de granit, mais plus grossier que celui de l'axe.

Tout est granit dans la région d'Oo : il y est disposé en masses énormes sur lesquelles des pics formés de feuillets pyramidaux semblent accidentellement posés.

Le granit forme aussi la base du pic d'Allanz; il plonge sous les masses de Vignemale et sous les matières de seconde position de Gédre : à côté de Barège et du pic d'Éres-Lids, il est en bancs, en masses, en nœuds, en veines dans la pierre calcaire et à côté des ardoises.

Le Coumélic, montagne à sept ou huit mille mètres de la crête du Mont-Perdu, est composé de granit grossier et hétérogène, souvent mêlé d'argile, disposé en bancs plus ou moins inclinés, flanqué, au Nord, de couches de granit veiné. Dans les bases de cette montagne (*le Coumélie*), le granit est bien différent du granit central; il est le produit d'un mélange tourmenté par l'agitation des eaux; presque pas un bloc uniforme; ici, il est en masse; là, il est veiné; souvent, en brêche de granit et de gneiss : il se prolonge sous toutes les montagnes voisines et constitue, même, le sol de la vallée (1).

Toutes ces montagnes granitiques sont chargées et recouvertes, au Sud comme au Nord, de matières différentes postérieurement déposées.

Cantons des calcaires, et autres matières qui recouvrent les granits.

§. 132. La calotte de granit du port d'Oo s'enfonce sous des amas de roches feuilletées : celui d'Allanz s'enfonce, rapidement, sous des amas gigantesques de pierre calcaire et de marbre, dont la croûte de la terre est surchargée dans ces cantons.

Des trapps, des cornéennes, des pétrosilex et surtout des porphyroïdes sont intercalés dans le granit,

____

(1) *Nota.* Le Coumélie est au bas de la flexion de la crête abattue près du Couserans et du comté de Comminges.

et quelquefois semés de pyrites microscopiques. Ces roches sont disposées par bancs plus ou moins redressés dans la direction de la chaîne, moins fréquens au centre de la région granitique, plus multipliés et plus prolongés à mesure qu'ils s'en éloignent : sur la lisière, ces roches occupent le premier rang ; les doses d'argile, de magnésie, de fer augmentent ; le calcaire primitif s'interpose ; et chaque genre, prenant le dessus, à son tour, se confond avec le genre qui le remplace par des nuances et des mélanges qui effacent les limites et qui attestent la coévité de ces différentes matières.

Le granit du Coumélie est enfoncé sous des bancs calcaires qui constituent la cime du Coumélie lui-même, et qui sont contigus aux matières secondaires dont la crête est formée.

Le grès rouge est fréquent dans ces cantons, il alterne avec le calcaire aréneux micacé ; il forme la cime d'une des montagnes méridionale.

A la crête des Pyrénées, alternative de montagnes granitiques et de montagnes calcaires d'une élévation énorme : cette crête est formée de marbre depuis Vignemale jusqu'au Mont-Perdu inclusivement ; de granit, entre ce mont et le port de Bielsa ; le granit disparoît au port de la Pez, et reparoît à celui de Clarbide et de Oo : le marbre lui succède au port de Vénasque ; et l'énorme masse de granit de la Ma-

ladetta sépare le marbre de ce port de celui du port
de Viel; en sorte que les matières secondaires tiennent une place si éminente, à la crête de la chaîne,
et s'y rendent si remarquables par leur volume et
leur hauteur, que notre hémisphère ne présente,
dans aucune chaîne observée, d'aussi prodigieux amas
de ces matières.

En prenant les Pyrénées dans un autre sens et en
les montant, on passe des cornéennes au calcaire
primitif, au granit de seconde position, au calcaire
secondaire compacte, et enfin au calcaire aréneux et
au grès.

Les formes si imposantes des Pyrénées sont toutes modernes, comme leurs hauteurs si considérables sont toutes accidentelles; les premières dispositions, les premiers dessins ont disparu dans le bouleversement général : partout un monde nouveau né
des débris d'un monde plus ancien; les montagnes
même dites primitives ne montrent que des composés d'autres composés : tels sont les monts primitifs,
tel est leur revêtement ou leur manteau, comme
s'exprime M. Dolomieu.

On trouve des coquilles fossiles en beaucoup d'endroits des Pyrénées : un grand amas de ces corps
marins occupe les bases et le centre du Mont-Perdu :
il y en a de plusieurs espèces, leur état y est, assez
constamment, silicieux et fracassé : dans d'autres

coquilles des environs, l'état calcaire et la conservation vont ensemble : il y en a aussi beaucoup dans
les bancs de Turque-Rouye.

§. 133. Voilà les faits certains et évidens dans
lesquels il n'y a rien de systématique; mais leur explication est difficile. Selon M. Ramond, après la
formation du granit sous les eaux, le globe auroit
été agité, la croûte auroit été soulevée, froissée,
rompue dans quelques points de son étendue; il se
seroit élevé une suite de rides (chaînes de montagnes) contiguës et parallèles entr'elles et à la longueur de la chaîne totale ; les couches auroient changé
de situation : il y auroit eu, par conséquent, des
vallées longitudinales plus ou moins creuses, où les
eaux se seroient bientôt rassemblées, en forme de
lacs, dans les principales dépressions ; d'où elles n'auroient pas tardé de déverser des étages supérieurs
sur des étages inférieurs, tantôt en sciant les couches intermédiaires, tantôt en les renversant avec
violence, et auroient ainsi formé les vallées transversales perpendiculaires à la chaîne. Les matières,
qui recouvrent le granit, auroient été déposées immédiatement après : de nouvelles agitations du globe
les auroient renversées, culbutées, à leur tour, les
unes sur les autres, en changeant aussi la situation
de leurs couches, même d'horizontale en verticale :
de grandes agitations des eaux auroient bouleversé,

entrelacé les couches, mêlé et tortillé les élémens.

Pour assigner une origine aux débris qui forme une grande partie de la crête des Pyrénées, il y auroit eu, au S-O, une grande terre au-dessus des eaux ; entre laquelle et les Pyrénées, les sables, les limons, les testacés, les zéophytes se seroient amassés, au moyen d'un peu de calme dans le fond de la mer : cette terre se seroit effondrée ; alors, la haute mer poussant les nouvelles ruines de cette terre, et soulevant tout ce qui se seroit amassé dans les profondeurs ; les sables, le limon, les dépouilles des êtres organiques auroient été portés dans les eaux qui déposoient le calcaire.

Toutes ces suppositions sont aussi commodes que merveilleuses, mais difficiles à croire ; aussi M. Ramond n'y attache pas une grande confiance. Dans l'état de nos connoissances, dit ce savant naturaliste, la plupart des questions (*de géologie*) sont insolubles : nous sommes condamnés à considérer isolément des phénomènes dont l'explication n'est que dans leur ensemble ; et cet ensemble n'est point à nous, et il ne sera point à nos derniers neveux. Il s'explique, dans le même sens, en plusieurs endroits, du premier vol. p. 87, 248, 371, 389.

7°. *M. de Luc, dans ses lettres à la reine d'Angleterre.*

§. 134. *Depuis Mayence jusqu'à la mer, en y comprenant la Basse-Saxe, la Westphalie, le Brabant et la Hollande.*

Les environs de Mayence.

A une lieue et demie au bas de Mayence, près de Monbach, carrières calcaires, à couches minces, d'un quart à trois quarts de pouce d'épaisseur : chaque couche est tapissée, par-dessus, de petites moules et, par-dessous, de petits buccins : le sable mouvant, qui sépare ces couches, est rempli de ces derniers coquillages : en s'enfonçant dans la carrière, les couches deviennent plus épaisses ; les moules et les buccins y sont sans ordre : dans une carrière plus élevée, les buccins font près de la moitié de la masse du sable.

Près de Weisenau, à une lieue de Mayence, on trouve, dans les carrières, des couches de pierres décomposées et sans ordre, entre des couches de moules et de buccins : il y a aussi des grandes et des petites vis et des huîtres : les collines n'ont guère que 200 pieds au-dessus du Rhin.

Entre Nackenheim et Nerstein, les collines calcaires, en s'éloignant du fleuve, forment un demi-cercle,

cercle, d'une lieue de diamètre, au milieu duquel il y a une colline, absolument isolée, composée de couches horizontales de pierres sableuses, mais sans calcaire et sans corps marins.

De Mayence à Coblentz.

§. 135. Près de Binguen, des montagnes schisteuses s'approchent du Rhin, de part et d'autre, jusqu'à la plaine de Coblentz. Le fleuve s'est ouvert, au travers de ces schistes ou ardoises, un passage qui est un défilé fort étroit et tortueux avec plusieurs bassins en forme de lacs (1). En exploitant les ardoises, en plusieurs endroits, on remarque trois sortes de fissures, dont deux sont presque verticales et la troisième horizontale.

Dans une grande excavation, sur la rive gauche du Rhin, près de Mayence, on voit un attérissement dont le fond est, presque, tout de grosses pierres roulées, mêlées de gravier et de sable. Plus haut que le fond la grosseur des pierres diminue : on y trouve des fragmens de toutes les espèces de *pierres primordiales*, avec du cristal de roche, des agates, de la mine de fer et de cuivre de divers genres, en alter-

____

(1) Ces schistes sont les restes des débris des montagnes qui bordent le fleuve, comme on en trouve au bas de toutes les grandes vallées.

Q

natives, avec des couches de sable : au milieu de la hauteur de ces attérissemens et, encore dans le gravier, se trouvent des sépulcres des Romains recouverts par les dépôts des inondations suivantes.

Le rocher isolé, sur lequel est bâtie la citadelle de Coblentz, est composé de couches vitrescibles qui approchent de la perpendiculaire, avec des corps marins, la plupart, brisés et posés dans le sens des couches : le rocher du château de Lahnstein présente les mêmes accidens.

De Mayence à Cassel par Francfort.

§. 136. Entre Francfort et Hanau, deux collines isolées, parallèles et entièrement semblables, de chaque côté du Mein ; l'une s'appelle *Bergen*, l'autre *Saxenhausen;* ces collines sont de pierres à chaux avec des coquilles ; leurs bases sont volcaniques, mais sans cratères : ces bases portent elles-mêmes sur d'autres couches calcaires : on y trouve des dents molaires d'hippopotame.

Aux environs de Hombourg, collines dont la décomposition produit un sable exactement semblable à celui des bruyères.

§. 137. De Francfort à Cassel, on traverse plusieurs collines et des plaines qui les séparent : les croupes et les revers des collines sont, ordinairement, de pierres à chaux ; les plaines sont couvertes de sable ou gravier, débris des montagnes primordiales : on trouve aussi de la lave, en plusieurs endroits, et un mélange de pierres calcaires, de roches quartzeuses et de laves et ensuite collines de pierre sableuse rouge. Depuis le pont de la Lahn, plus de volcanique pendant dix lieues.

La ville de Cassel est bâtie sur la saillie d'une montagne à couches calcaires sans aucun désordre. On trouve, aux environs, un sable vitrescible jaune et quelquefois blanc, semblable à celui des bruyères : les montagnes voisines sont recouvertes de matières calcaires surmontées aussi de grès vitrescibles (1).

De Cassel au Hartz.

§. 138. De Hesse jusqu'à Gottingue, le sable vitrescible des bruyères, parsemé de grès blanc et rougeâtres, recouvre la pierre à chaux qui enveloppe les montagnes. Aux environs de Gottingue, montagnes dont le noyau est de pierre à chaux et l'enveloppe de pierre sableuse : les couches calcaires y sont en-

____

(1) M. de Luc représente les environs de Cassel et de Gottingue comme des pays volcaniques; il en dit de même des environs d'Andernach, sur les bords du Rhin. Plusieurs savans en doutent, *au moins*. Mais la décision de cette question, pour ou contre, n'étant d'aucun intérêt, pour l'objet que je me propose, je n'ai pas suivi M. de Luc dans ses recherches des matières volcaniques ni des cratères.

tremêlées avec des vitrescibles, et les unes et les autres renferment des corps marins.

Le Hartz est une chaîne de montagnes composée
de plusieurs chaînons en amphithéâtre, parallèles entr'eux et à la chaîne totale. La masse est de schistes
ou de granits : ces derniers sont en destruction, par
blocs détachés d'une grandeur immense : les sommités sont recouvertes d'une pierre sableuse vitrescible, semblable à celle de Coblentz et avec les mêmes corps marins et, quelquefois, en alternative
avec des couches calcaires. La plus haute montagne,
dite *Blockberg*, est à 574 toises au-dessus de la mer;
on y trouve des tourbières avec des arbres couchés
dans une même direction.

Au Hartz, grand dépôt de minéraux de fer, de
plomb et d'argent, avec des circonstances qui an-
noncent de grandes révolutions. Dans les collines, à
l'Est, hors de la chaîne, mines de cuivre dans des
couches d'ardoises minces qui contiennent aussi des
poissons : ces couches cuivreuses reposent sur une
pierre sableuse, et sont surmontées par des couches
calcaires.

Il y a, au Hartz, une caverne ou grotte nommée
Einhornloch, où l'on trouve une grande quantité d'os.
M. de Luc croit que ces os étoient renfermés dans
la pierre calcaire comme dans les rochers de Gibraltar et de Dalmatie; et que, le calcaire ayant été

dissout et entraîné, les os sont demeurés libres.

En retournant à Hanovre par Elbingerode et Claus-thal, le sol est, communément, de schiste recouvert de calcaire dans les petites montagnes ; et, dans les endroits plus élevés, le calcaire est recouvert lui-même de pierres sableuses. M. de Luc donne pour signe de bouleversement, un rocher, en obélisque, composé de pierres à chaux, à couches presque ver-ticales et régulières, avec des corps marins. Mais si ee rocher et celui de Coblentz avoient passé d'une situation horizontale à la verticale, auroient-ils con-servé leur régularité dans les couches? Ces couches n'auroient-elles pas été brisées et bouleversées, com-me il dit lui-même, tom. 4, p. 650.

Etendue des bruyères et qualité de leur sol.

§. 139. Le sol des bruyères comprend les pays de Liége, de Juliers, le Brabant, la Gueldre, l'Ower-Issel, la Westphalie, la Basse-Saxe et continue à l'orient par le Brandebourg et le Mecklenbourg : ce sol est composé, partout, de sable ou de pierres sa-bleuses, avec un mélange de fragmens de pierres à feu et de pierres primordiales, schiste, serpentine, quartz, granit, etc., souvent en gros blocs : ce sable porte sur un lit de graviers, en plusieurs endroits : il recouvre des collines calcaires qu'il laisse, quel-quefois, à découvert sur les hauteurs ; mais les revers et les plaines qui séparent ces collines sont toujours du même sable , comme on voit entre Pyrmont et Hanovre. Ce sable et la pierre sableuse forment aussi quelques monticules : on voit de même quelques monticules de craie et même de gypse. Il y a beaucoup de corps marins , de plusieurs espèces , dans le calcaire et dans le vitrifiable , à de grandes profondeurs : beaucoup aussi d'os d'éléphans ensevelis dans des terrains vierges ; surtout aux environs de la Lippe , du Weser et de la Meuse qui les découvrent en rongeant leurs bords.

Dans les endroits les plus bas , aux approches de la mer , le sol est différent , il devient presqu'horizontal et paroît un attérissement des fleuves : les sables des bruyères y forment des espèces d'îles ou des promontoirs.

En plusieurs endroits , on trouve de grandes tourbières qui reposent sur le sol des bruyères : ce sol s'élève , quelquefois , au milieu des tourbes ; il passe aussi sous les attérissemens des fleuves et même sous leurs lits ; il s'étend ainsi , partout , jusqu'à la mer ; on le trouve même , avec l'eau douce , dans la Hollande , à 204 pieds plus bas que le niveau de la mer et recouvert d'attérissemens.

8°. *M. de Buffon , troisième volume des minéraux.*

§. 140. Dans ce volume , M. de Buffon cite beaucoup de faits analogues au transport des matières sur toute la surface de la terre : j'ai déjà parlé de quelques-uns ; je rapporterai, ici, les principaux des autres.

Dans le Tyrol, gros morceaux de granit, de quartz et d'autres pierres qui viennent de *Montes Primarii*, épars sur les champs des environs de *Gallio*, d'*Asiago*, de *Campovère* et d'autres endroits situés dans des montagnes.

En Espagne, des collines entières composées de cailloux de quartz, arrondis, mêlés avec des calcaires, *tous*, transportés et déposés par les eaux. Le sommet de la montagne très-élevée, où est situé le château de Molina, est aussi, entièrement, composé d'une masse de petits quartz arrondis, incrustés et conglutinés par un ciment formé de sable et de pierres à chaux : les montagnes voisines en contiennent aussi, en grande quantité.

Un fait assez singulier, aux environs de Château-Neuf, six lieues de Limoges, ce sont des bancs inclinés de marbre gris, enfermés dans du granit : cette île calcaire, d'une demi-lieue de diamètre, est éloignée, de plus de dix lieues, des pays calcaires.

Dans le même temps que les eaux entraînoient, froissoient et entassoient ces fragmens massifs, remarque M. de Buffon, elles transportoient, *au loin*, dispersoient et déposoient les parties les plus tenues

et la poussière flottante de ces débris quartzeux et gra-
niteux, de même que celles des marbres et des autres substances calcaires.

Ces parties tenues et ces poussières furent déposées, quelquefois, séparément, et composèrent les
sables, les grès_quartzeux *purs;* l'argile blanche et
pure; les sables et les grès calcaires *purs* et les craies
que nous trouvons en bien des endroits; mais la plus
grande partie de ces débris quartzeux et calcaires
fut mêlée et forma des glaises, des marnes, des
schistes et des ardoises; et, même, s'étant consoli-
dée, elle forma des pierres mi-parties de calcaire et
de vitreux.

Il faut qu'il y ait eu une quantité prodigieuse de
ces matières dispersées; puisqu'on peut dire qu'elles
recouvrent tout notre globe, non-seulement à la
dernière surface, mais à une profondeur considérable, et que tous les bords de nos continens, à grande
distance de la mer, sont des attérissemens composés
de cailloux roulés et de sables qui en ont reculé les
limites.

9°. *M. Guettard, dans plusieurs mémoires insérés
parmi ceux de l'Académie des Sciences de Paris.*

§. 141. M. Guettard avoit parcouru toute la France, une grande partie de l'Allemagne et de l'Autriche
et toute la Pologne. Il nous a représenté le sol de

tous ces pays comme composé de matières différentes transportées, mêlées et déposées, la plupart, dans des endroits fort éloignés de leur pays natal, et, presque partout, avec des corps marins, quelquefois, en quantité prodigieuse.

Depuis les Alpes, nous dit-il, depuis les Vosges et les Pyrénées jusqu'à la mer, il y a des sables, de galets, des poudingues et, même, de gros blocs arrondis sur les montagnes, dans leur sein, dans les plaines et dans leurs différentes couches.

Il est vrai que M. Guettard divise ces pays en plusieurs bandes de matières différentes ; mais il avertit que ce n'est que pour la plus grande quantité ; et, qu'au reste, dans chaque bande il s'y trouve beaucoup de mélanges des matières qui composent la plus grande partie des autres. Souvent, même, après quelques lieues de marche, on voit le terrain changer, tout-à-coup, de nature.

M. Guettard observe, 1°. que toutes ces matières, même les mines de Pologne, sont de transport ; que ces mines ont été entraînées et déposées avec les sables, les granits, les quartz, etc. , qui sont le produit de quelques chaînes de hautes montagnes qui ont été détruites, (au moins en partie). Tout prouve ce transport, ajoute-t-il, les sables arrondis, les cailloux roulés, les corps marins dispersés, les uns conservés, les autres brisés, d'autres presque consumés. Il observe, 2°. que les rivières sont des agens absolument incapables d'avoir opéré tous ces transports et ces mélanges; et qu'il a fallu un agent général et bien plus violent.

10°. *M. Patrin, pour la Sibérie*, Journal de Physique, tome 38.

§. 142. Collines composées de diverses espèces de horn-schiffer; celui des environs de Kondy est par couches d'un pied d'épaisseur, alternativement de granit très-compacte et de roche de corne pénétrée de quartz qui forme une espèce de pétrosilex. Ces couches sont horizontales au sommet des collines, dans l'étendue de quelques toises; ensuite elles sont pendantes des deux côtés, sous un angle de 40 à 50 degrés au-dessus de l'horizon vers le sommet, et beaucoup moins vers le bas.

Collines composées de quinze couches de couleur et de nature différente : la plupart de ces couches sont des variétés de grès qui alternent avec des couches de roche semblable au schiste primitif.

Autres collines où, dans l'espace de mille toises, on voit onze matières différentes posées de suite; parmi ces collines, la principale et la plus haute est composée d'un grès extrêmement fin et blanc comme le plus beau sucre.

Quantité de poudingues à cailloux roulés, dans

toute cette contrée : il y en a des montagnes entières de 2 à 300 toises d'élévation, à couches bien marquées qui se relèvent à l'Ouest. D'autres collines, et en grand nombre, formées de ces poudingues, sont en grand désordre, à couches tourmentées en tout sens. En quelques endroits, le minérai est une espèce de poudingue à cailloux roulés : ailleurs on voit le fer enveloppé dans un dépôt argileux mêlé de galets arrondis, de roche primitive. Plus on va à l'Est, plus les cailloux des poudingues sont gros.

Amas de quartz, en blocs énormes, sur les sommets applatis de plusieurs montagnes ; et dans le désert, fragmens épars non roulés d'aimant, sans qu'on sache d'où ils sont venus.

D'autres montagnes sont recouvertes de fragmens, souvent assez menus de toutes sortes de roches primitives et à angles vifs, et en si grande quantité, que les ravins ont creusé, à plus de 10 toises, dans ces décombres. Beaucoup d'autres marques de la décomposition des montagnes.

M. Patrin observe qu'il est ordinaire de voir, dans l'Asie septentrionale et, surtout, en Daourie, les chaînes de montagnes et de collines terminées, à l'Est, par des élévations considérables, taillées à pic, sillonnées et excavées, et qui portent évidemment l'empreinte de l'action des eaux ; ce qui, joint à la situation des poudingues à couches relevées à l'Ouest, prouve que les eaux qui couvroient la terre, avoient un mouvement violent d'Orient en Occident.

Les revers des montagnes sont ordinairement couverts de matières différentes de celles du corps de la montagne.

Nota. On voit, par toutes les observations de M. Patrin, que la Sibérie et, particulièrement, la Daourie, quoique bien éloignées de nous, ressemblent cependant à nos contrées, pour les grands traits géologiques, surtout pour le transport et le dépôt des débris de hautes montagnes, en cailloux roulés et même en gros blocs posés et épars sur d'autres montagnes, ou formant des collines dans les plaines.

11°. *Autres pays éloignés, par M. Gentil, dans ses Mémoires insérés parmi ceux de l'Académie des Sciences de Paris.*

§. 143. M. Gentil remarqua, dans les montagnes des Philippines, de Java, de Madagascar, du Fort-Dauphin, des îles de France et de Bourbon, une image constante d'altération, de dégradation et de destruction de leur forme primitive ; en sorte qu'on ne peut pas se faire une idée juste de la forme qu'elles avoient dans le principe des choses : il en dit de même des montagnes d'Espagne, et, en particulier, des Pyrénées Il regarde les grandes montagnes comme composées de trois chaînes, dont celle du milieu beaucoup plus élevée que les deux autres, plus à pic et plus étroite, n'est qu'une espèce de cordon : les deux autres, appuyées contre celle-ci, de chaque côté, ne sont quelquefois que de hautes plaines remplies ou semées de pitons, en pain de sucre, ou de marnes placées sans ordre ni arrangement régulier.

M. Gentil observe que les angles saillans et rentrans ne sont pas constans dans les grandes chaînes de montagnes; et qu'en général, les couches sont horizontales dans les plaines et sur le haut des montagnes; mais que, sur les revers, elles en suivent ordinairement l'inclinaison.

12°. *Corps marins répandus sur toute la surface de nos continens.*

§. 144. Il n'y a point de doute sur la prodigieuse quantité de corps marins répandus sur toute la surface de la terre, et, même, assez souvent, à de grandes profondeurs ; mais on peut observer, à ce sujet, qu'on en trouve, rarement, à de grandes hauteurs : les plus hauts, qu'on ait trouvés, sont deux coquilles, à 2000 toises au-dessus de la mer, dans une montagne du Perrou.

M. Ramond en trouva beaucoup de différentes espèces dans les Pyrénées, et, même, près de la crête, à 1763 toises au-dessus de la mer. M. de Luc en vit, sur le Grenier, *montagne des Alpes*, à 1300 toises. M. de Saussure parle de fragmens d'huîtres pétrifiées qu'il trouva sur une sommité dite *le Haut du Verron*, à 1172 toises : un rocher qui domine cette sommité est rempli de turbinites ; mais tout cela dans des matières étrangères et de transport, et non pas dans le corps des montagnes.

Il y en a un peu plus, aux environs de 800 toises. La Dole et les autres montagnes de la première chaîne du Jura en fournissent à cette hauteur : les chaînes plus basses en ont encore davantage ; mais toujours dans des cantons isolés, dans la glaise, dans la marne ou dans des pierres qui forment la croûte des montagnes ; aussi, malgré toutes mes recherches, je n'en ai point vus dans les pierres qui forment le corps et le fond des mêmes montagnes, quoique j'en ai examiné beaucoup qui sont coupées, à pic, à de grandes profondeurs. M. de Luc eut bien de la peine d'en trouver dans ce qu'il appelle *bornans des Alpes* ou *Alpes calcaires.*

A 3 ou 400 toises de hauteur au-dessus de la mer, ces coquillages deviennent beaucoup plus communs : à 200 toises et dans les collines des plaines, ils sont presque continus. M. Pallas en dit de même de la Tauride, où les basses montagnes sont toutes pétries de fragmens de coquilles froissées et les hautes en ont moins, mais mieux conservées : il n'est pas rare d'en trouver, même, dans des collines composées de sable, d'argile, de cailloux roulés, et de pierres sableuses.

En quelques endroits, ces coquillages sont rassemblés, en grande quantité, sans presqu'aucun mélange d'autres matières : ces grands amas s'appellent *Falunières :* celles de la, ci-devant, Touraine, à 36 lieues de la mer, sont des plus remarquables : elles ont environ 9 lieues carrées de surface : on les creuse jusqu'à 20 pieds sans atteindre le fond : les coquilles ou fragmens de coquilles sont posées sur le plat et horizontalement : on y distingue facilement plusieurs couches : on y trouve des madrépores, des champignons de mer, mais point de pierres, ni terre, ni sable. Le falun est, quelquefois, à la surface de la terre, quelquefois, il est à plusieurs pieds de profondeur.

Les Falunières de la Touraine ne sont pas les seules. MM. de Lassone, Guettard, Monnet, etc., nous parlent de beaucoup d'autres amas de coquillages fort étendus, surtout, en Champagne, en Bourgogne, aux environs de Compiègne, etc. On en trouve aussi à de grandes profondeurs.

En traversant la Picardie, la Flandre françoise, la Champagne, la Lorraine allemande, le pays Messin, etc., M. Monnet observa que les coquilles se montroient à trois cents pieds de profondeur, à commencer des vallées les plus profondes : et, dans le bas Boulonnois, il en trouva, à plus de cent pieds, au-dessous du niveau de la mer, avec des bancs calcaires.

Telle est, en gros, la distribution générale des corps marins sur la surface de la terre; mais leur distribution particulière et en détail, n'est pas moins surprenante et remarquable. De plusieurs montagnes voisines, la plupart renferment beaucoup de coquillages, et celles du milieu n'en ont point : ailleurs ces dernières en sont remplies, et on n'en trouve point dans celles qui les environnent : dans une même montagne, un revers en a beaucoup, et l'autre point du tout : de plusieurs bancs qui composent une montagne, quelques-uns en sont presqu'entièrement composés, et dans les autres, quoiqu'interposé, on n'en voit point : ce sont, quelquefois, les bancs supérieurs, d'autres fois les inférieurs qui en manquent : de plus, dans un même banc, une partie en a, et l'autre non : et, ce qui est bien particulier, c'est que chaque montagne et même chaque banc en contient souvent de différentes espèces : et encore, de deux champs qui se touchent, un en est recouvert, et il n'y en a point dans l'autre, et ainsi, à plusieurs alternatives.

De tous ces coquillages, beaucoup sont libres et séparés les uns des autres, mais beaucoup aussi sont réunis et liés par différentes terres, même dans des

silex ;

silex : quelquefois les différentes espèces se touchent sans se mêler ; plus souvent, plusieurs espèces sont mêlées ensemble : on les trouve entiers en bien des endroits, et, plus encore, froissés, cassés, brisés, comme s'ils eussent été concassés, tous ensemble, dans un immense mortier, comme s'exprime M. de Saussure, en parlant de ceux du Salève : ailleurs, on en voit des cassés et des entiers mêlés ensemble ; et, même, il y en a certains qu'il est rare de trouver entiers.

Il est à remarquer que de tous ces corps marins, il y en a une très-grande partie dont on ne trouve pas les analogues dans les mers voisines des endroits où ils sont déposés.

13°. Os d'éléphans, de rhinocéros et d'autres quadrupèdes répandus sur toute la surface de nos continens, mais principalement en Sibérie, au Nord de l'Europe et de l'Amérique septentrionale.

§. 145. On conçoit assez facilement que des corps légers, comme les coquillages, ont pu être transportés et distribués sur toute la surface de nos continens ; mais on ne se persuade pas si facilement que des masses, telles que les plus gros os des éléphans, aient pu être transportés si loin, et en tant d'endroits.

Cependant ils y sont, et en si grande quantité, qu'il y a de quoi s'en étonner. On en trouve à la surface

de la terre, mais beaucoup plus dans l'intérieur et à
de grandes profondeurs sous des couches intactes de
différentes matières transportées, et aussi dans le
sein des montagnes. M. Dolomieu nous parle de
dents d'éléphans trouvées, en Toscane, dans des couches surmontées d'une immensité d'arbres pétrifiés
ou bitumineux, ensevelis, eux-mêmes, sous des couches de coquilles maritimes mêlées de plantes ar-
rondinacées qui sont recouvertes par des bancs d'argile accumulés à plus de 100 toises d'élévation.

M. Humboldt dit que, près de Santa-Fé, dans le
Campo-Gigante, on trouve, à 1370 toises de hauteur, une immensité d'os fossiles d'éléphans tant de
l'espèce d'Afrique que des carnivores de l'Ohio, et
qu'ils s'étendent depuis l'Ohio jusqu'aux Patagons.

Parmi le grand nombre de ces dépouilles d'éléphans, il est rare d'en trouver des squelettes entiers;
leurs différentes parties sont, même, si séparées les
unes des autres, qu'il seroit difficile d'en réunir pour
former tout le corps. Cependant on en trouva un
dans l'intérieur de la colline de Tonnen, village situé
dans le landgraviat de Thuringe; plusieurs couches
très-distinctes de différentes natures recouvroient
cet énorme fossile qui étoit étendu dans un lit de
sable extrêmement pur et blanc.

Malgré le grand trajet qu'ont fait tous ces os, ils
ne sont cependant pas arrondis; parce qu'ils n'ont

pas été roulés, comme remarque M. Dolomieu, mais transportés par de grandes eaux : il y en a qui sont fort altérés; mais d'autres sont assez bien conservés pour les travailler.

14°. *Plantes étrangères.*

§. 146. M. de Jussieu trouva, aux environs de St.-Chaumont dans le Lyonnois, une grande quantité de pierres feuilletées, dont presque tous les feuillets portoient sur leur superficie, l'empreinte ou d'un bout de tige, ou d'une feuille, ou d'un fragment de feuille de quelque plante; les représentations des feuilles étoient toujours exactement étendues, comme si on les avoit collées sur la pierre, avec la main : ces feuilles étoient en différentes situations, et quelquefois deux ou trois se croisoient : les deux lames des feuillets, qui se touchoient, avoient l'empreinte de la même face de la feuille, l'une en relief, l'autre en creux : et toutes étoient couchées du côté du Nord.

M. de Jussieu observe que toutes ces plantes, gravées sur les pierres de Saint-Chaumont, ne se trouvent que dans les Indes orientales et dans les pays chauds de l'Amérique, et que l'état, où elles sont, prouve qu'elles ont été apportées par l'eau.

Il y a beaucoup d'autres endroits où l'on trouve des empreintes de plantes étrangères, sur des pierres ; en Angleterre, en Saxe, en Allemagne, en

Suisse, etc., et surtout dans les mines de charbon, plus encore dans leur toiture et même dans le voisinage, il y en a un grand nombre, de toutes espèces.

15°. *Mines de charbon de terre et bois fossiles.*

§. 147. Les charbons de terre sont répandus, en quantité prodigieuse, dans tous les continens : il y en a, en France, plus de quatre cents mines, en pleine exploitation. M. de Buffon observe que ce nombre, quoique très-considérable, ne fait, peut-être, pas la dixième partie de celles qu'on pourroit y trouver : il n'y en a guère moins dans les autres parties de la terre, et beaucoup plus dans quelques-unes.

Ces mines se trouvent communément, en *veines* dirigées de l'Orient à l'Occident, et, quelquefois, sur une longueur de plusieurs lieues : il y en a qui suivent d'autres directions : il s'en trouve aussi, en grands *amas* ou en masses, qui ne se prolongent pas loin : quelques-unes sont près de la surface de la terre, d'autres à de grandes profondeurs, jusqu'à 40 et même 80 toises, toutes, en bancs séparés de différentes épaisseurs, dont quelques-uns de 12 à 15 toises : et toutes les matières, qui séparent ces bancs, sont de transport.

Le charbon de terre se trouve, presque toujours,

mélangé de matières hétérogènes de toute espèce ;
ce sont des schistes, des grès, de l'argile, du sable,
de la craie, de la pierre calcaire, des pyrites et, quelquefois, des métaux et des demi-métaux : ces matières étrangères, qui séparent les veines ou bancs
du charbon, sont, souvent, en grandes masses très-
dures et très-épaisses : aux environs de Liége, on
a compté plus de quarante couches de charbon, séparées les unes des autres par des rochers d'une épaisseur depuis 5 jusqu'à 17 toises : quelquefois, les matières étrangères ne sont pas en bancs réguliers ; ce
sont d'énormes fragmens de schiste, de roche, de
grès ou autres matières superposées irrégulièrement,
et qui semblent s'être éboulées dans les vides de la
terre.

M. de Buffon, t. 2 des minéraux, conclud, de ce
mélange singulier et général, que le charbon de terre
a été roulé, transporté, et déposé par les eaux, en
même temps et de la même manière, que toutes les
matières avec lesquelles il se trouve mêlé ; et que
c'est, pour cela, que ces mines ne se trouvent que
dans les collines et les montagnes de seconde formation ; et, surtout, dans celles dont la construction, par bancs, est la plus irrégulière, et dont la
plus grande partie est un schiste ou une argile différemment modifiée, ou du grès plus ou moins décomposé, ou des pierres calcaires plus ou moins du-

rés, ou des terres, presque toujours, imprégnées de matières pyriteuses; mais jamais dans les grandes masses vitreuses de première formation, telles que les quartz, les jaspes, les granits.

§. 148. Souvent, on trouve aussi, dans les mines de charbon, des portions de bois et même des arbres entiers plus ou moins charbonnifiés. Ordinairement, dans le dessus de la mine, l'organisation de ces bois n'est presque point changé, mais, à mesure qu'ils sont enfouis plus profondément, ils sont aussi plus altérés : on a même vu, dans une seule pièce, une partie en vrai charbon, tandis que l'autre partie étoit encore du bois.

Ces bois fossiles plus ou moins charbonnifiés, se trouvent même, en beaucoup d'endroits où l'on ne connoît point de mines de charbon de terre; il y en a, à de grandes profondeurs, des amas disposés en bancs séparés les uns des autres par des lits de terre, et, même, des forêts entières enfouies dans la terre, et dont les arbres sont couchés dans un même sens : on en trouva, près de la Fère, au moyen de la tarière, jusqu'à 210 pieds de profondeur. Parmi tous ces bois souterrains, il y en a qui sont un peu bitumineux et de couleur d'ébène et si bien conservés, qu'on peut s'en servir pour des ouvrages de marqueterie; d'autres sont plus changés et ne peuvent plus servir que pour le feu : il n'est pas rare d'en trouver des pétrifiés. M. de Buffon, t. 10, en cite beaucoup d'exemples, et, en particulier, dans les montagnes de Misnie, où l'on a tiré, de la terre, des arbres entiers qui étoient changés, *totalement*, en une très-belle agate.

Voilà des faits réels, certains et uniformes, généralement répandus sur toute la surface de la terre. Jusqu'ici je n'ai fait que les rapporter tels qu'ils sont : il s'agit, à présent, d'en trouver la cause et de les expliquer.

TROISIÈME PARTIE.

La cause et l'explication des phénomènes.

§. 149. LE géologue s'engage à l'explication de tous les faits, en proposant une cause, un agent qu'il croit capable de les avoir opérés : pour cela, il faut que toutes ses explications soient des conséquences nécessaires et commandées par les faits eux-mêmes. Des hypothèses multipliées et accommodées à chaque fait en particulier, ne feroient, souvent, que se contredire, n'établiroient rien de certain et de fixe dans la science ; ne feroient, peut-être, qu'ajouter de nouvelles erreurs à toutes celles qu'on a déjà avancées à ce sujet ; et chacun se croiroit en droit d'en proposer de plus ou moins probables ; la géologie reculeroit ainsi, par cette complication arbitraire, plutôt qu'elle ne feroit des progrès. C'est sur ces principes que je me propose de me diriger dans les conséquences que je vais tirer des faits, conformément aux propositions que j'ai avancées dans le discours préliminaire de cet ouvrage.

PREMIÈRE CONSÉQUENCE.

*La surface de la terre n'a pas toujours été arrangée,
comme nous la voyons.*

§. 150. A la vue de toutes les observations dé-
taillées ci-dessus, cette première conséquence ne
peut souffrir aucune difficulté : aussi tous les naturalistes en conviennent : ils reconnoissent, qu'à une
certaine époque, les plus hautes montagnes ont été
dégradées ; que de nouvelles vallées ont été creusées ;
que leurs débris ont été transportés et déposés sur
toute la surface du globe ; mais ils diffèrent beaucoup sur le temps, sur la cause et sur la manière de
tous ces transports : sur quoi j'ajoute la proposition
suivante.

SECONDE CONSÉQUENCE.

*Il n'y a pas long-temps que la surface de la terre
est arrangée, comme nous la voyons.*

§. 151. Cette seconde conséquence, essentielle en
géologie, souffrant plus de difficulté que la précédente, mérite d'être traitée, plus au long : elle a
quelques adversaires parmi les naturalistes, et beaucoup plus de défenseurs appuyés sur des faits différens entr'eux, mais *tous* parlant évidemment en sa
faveur, et dont aucun ne la contredit.

Un de ses premiers défenseurs, c'est M. de Luc, lettre 139me., tom. 5, pag. 489 et suivantes : ce savant physicien apporte, en preuve, les principaux phénomènes où l'on peut évaluer une *quantité totale d'effets* et la comparer à des progrès connus, tels que la terre végétale, la dégradation des montagnes, les attérissemens à l'entrée des lacs, ceux des fleuves à leur embouchure, les moraines des glaciers. Je me servirai des mêmes moyens que j'ai reconnus moi-même.

Terre végétale.

§. 152. Dès qu'après la grande débâcle, nos continens furent à sec, la végétation reprit son cours; d'abord fort lentement ; mais elle ne tarda pas de devenir générale : ses dépôts se sont accumulés jusqu'à présent, surtout, dans les endroits où rien ne les a troublés : connoissant d'ailleurs la manière dont ils se forment continuellement, et voyant la petite quantité que nous en trouvons, nous pouvons conclure que le temps de leur commencement n'est pas bien éloigné.

Dégradation des montagnes.

§. 153. Une seconde preuve de cette vérité plus sensible encore et plus éloquente, c'est la dégradation prompte et continuelle des montagnes ; d'abord,

en grand, par des éboulemens fréquens et considérables : j'en ai vu quatre grands depuis le Saint-Gothard jusqu'à Saint-Maurice en Vallais, et trois ou
quatre dans la petite vallée de la Valserine. Il en est,
de même, dans, presque, toutes les vallées à grands
escarpemens ; mais les trois plus remarquables que
je connoisse sont, 1°. celui de la montagne dite *les
Diablerets*, pas loin de Saint-Maurice en Vallais : au
mois de juin 1714, la partie occidentale de cette
montagne tomba subitement et tout-à-la-fois ; et cela
sans aucun vestige de matière bitumineuse, ni de
soufre, ni de chaux cuite, ni par conséquent de feu
souterrain : ses débris causèrent de grands ravages
et couvrirent, *au moins*, une lieue carrée ; et les tas
de pierres amassées au bas ont plus de 60 toises de
hauteur ; 2°. celui d'un grand rocher calcaire qui s'é-
boula, en 1776, du haut d'une montagne près des
Chalets de Ferret ; il abîma les pâturages et porta,
jusqu'à la Drance, ses fragmens et ses ravages ; 3°. celui d'une montagne située au N-E. de Servoz, village
à deux lieues plus haut que Sallenche, en allant au
Mont-Blanc : cette montagne s'éboula en 1751, avec
un fracas si épouvantable et une poussière si épaisse
et si obscure qu'on n'osoit en approcher qu'à la distance de deux milles : on crut y avoir vu des flammes
et de la fumée et que c'étoit un volcan ; mais M. Vi-
taliano Donati, célèbre naturaliste envoyé par la cour

de Turin, reconnut qu'il n'y en avoit aucune trace : l'éboulement continua pendant quelque temps, et produisit la chute de plus de trois millions de toises cubes de rochers. (Saussure, art. 493, tom. 1er, pag. 413 et suiv.)

Les parois des cirques se dégradent aussi beaucoup. Dans toutes les grandes crues d'eau, le torrent de *Millegrabe*, qui vient d'un petit cirque, vis-à-vis Loüesch, entraîne assez de débris dans le Rhône, pour en arrêter le cours, pendant quelque temps. La rivière qui passe à Saint-Nicolas, une lieue plus haut que Sion, et qui vient d'un autre cirque, châ-rie, quelquefois, tant de débris, qu'elle exhausse le sol du village de plusieurs pieds.

Me trouvant, un jour, sur le haut du bord de ce cirque, au moins, à 7 ou 800 toises au-dessus du fond, je vis une fente fort longue et fort large qui séparoit un grand morceau de la montagne, prêt à tomber : en s'avançant jusqu'au bord, on auroit pu en accélérer la chute, et se précipiter avec cette par-tie du rocher. Je rapporte ce fait pour avertir qu'il est toujours dangereux de se trop approcher de ces précipices.

Il y a une grande quantité de débris qui forment un monticule, à une heure plus haut que Saint-Mau-rice en Vallais, et qui ont été châriés par la rivière de Saint-Barthélemi, qui vient aussi d'un cirque.

On voit de pareils exemples et, même, de plus grands dans toutes les montagnes, à l'entrée des rivières collatérales dans les grandes vallées, et, encore plus, à l'entrée de ces vallées, dans les grandes plaines.

La dégradation journalière des montagnes est aussi très-considérable : indépendamment des frimats, des pluies, des neiges, des avalanches qui les attaquent sans cesse, on trouve à leurs pieds, sur les revers et, même, au sommet, de grands amas de pierres détachées, amoncelées, ou répandues sur toute la surface : en quelques endroits, ce sont de gros blocs qui recouvrent toute la montagne. On voit aussi, très-fréquemment, des talus fort élevés, appuyés contre les montagnes, et qui viennent de leurs escarpemens qui se décomposent continuellement. C'est particulièrement dans les grandes montagnes que cette dégradation est plus sensible.

La surface du Mont-Blanc est presque toute recouverte de ses débris : quelquefois, il faut peu de chose pour les ébranler et les faire rouler : en allant au *Montanvert*, partie de cette montagne, environ les deux tiers de la montée, il y a une tête de roche feuilletée dont il se détache presque continuellement des morceaux grands ou petits. Mon conducteur m'avertit, dans cet endroit, de ne faire aucun bruit, et, même, de ne pas parler trop haut, crainte que l'ébranlement de l'air ne fit tomber quelque fragment de rocher. Voici, de plus, ce que M. de Saussure dit du Mont-Blanc, (art. 2048, pag. 236.) *Au col du Géant, (partie de cette montagne), la dégradation s'annonce avec une fréquence et un fracas qui l'inculquent dans l'esprit avec la plus grande force : je n'exagérai pas, quand je dirai que nous ne passions pas une heure sans voir ou sans entendre quelqu'avalanches de rochers se précipiter avec le bruit du tonnerre, soit des flancs du Mont-Blanc, soit de l'aiguille marbrée, soit de l'arrête même sur laquelle nous étions établis, (à 1763 toises au-dessus de la mer.)*

Tous ces faits, multipliés presqu'à l'infini, ne prouvent-ils pas évidemment, que si les montagnes existoient depuis autant de milliers d'années, qu'on veut le dire, les vallées voisines seroient déjà remplies de leurs débris, au moins, à une grande hauteur; et que les montagnes elles-mêmes, les plus escarpées et les plus hautes, seroient réduites en talus moins rapides et couverts de végétation? Mais comme le progrès de ces événemens futurs, est encore peu avancé, malgré la grande dégradation continuelle, on peut croire qu'il n'y a pas long-temps que les montagnes existent dans l'état où nous les voyons.

Attérissemens.

§. 154. Les attérissemens nous conduisent à la même vérité. Les fleuves et les rivières chârient, continuellement, différentes matières, plus ou moins, suivant les circonstances des grandes pluies et des fontes subites des neiges : ils déposent une partie de ces matières, à leur embouchure dans les lacs ou dans la mer ; ces dépôts sont bien connus, et leur accumulation nous indique, à peu de chose près, le temps qu'ils ont commencés, d'autant mieux qu'il y en a qui sont fort prompts. M. de Saussure, (art. 11), dit, sur le témoignage de M. Fatio, que les attérissemens du Rhône, entre son embouchure et Villeneuve, ont formé, dans l'espace de 50 ans, une bordure de terre longue d'une demi-lieue et large de 40 pas ; et que le village de Prévallay, (*Portus Valesiæ*), autrefois sur le bord du Rhône, en est éloigné, à présent, d'une demi-lieue : ces mêmes sédimens paroissent aussi avoir formé le fond de la vallée entre Aigle et le lac.

Un fait, plus précis encore, c'est le lac de *Lucendro*, à trois quarts de lieue, N-O, de l'hospice du Mont-Saint-Gothard : ce lac long et étroit, serré entre des rochers élevés et escarpés, est terminé par une petite plaine qui s'étend aux dépens du lac, à mesure que les torrens et les avalanches y versent les débris des montagnes voisines; et, *puisque ce lac existe encore, il faut nécessairement,* comme le remarque M. de Saussure, (art. 1833), *qu'il n'y ait pas bien des milliers d'années que tous ces agens travaillent à le combler.*

Un fait, d'un autre genre, mais qui revient au même but, c'est le lac *Lacter, Lacus Tertius,* dans la vallée de Joux : ce lac est petit, au dehors, mais il s'étend à une assez grande distance par-dessous les terres qui l'entourent; parce que les herbes de ses bords ont formé, par leur entrelacement, une surface flottante qui, s'avançant toujours et se garnissant d'un terreau né de la décomposition des parties qui périssent, le fermera une fois entièrement : et il seroit déjà fermé, s'il y avoit long-temps que la surface flottante se format. Ces exemples très-fréquens et à la vue de tout le monde, prouvent, *tous,* la nouveauté de l'état actuel de notre globe.

Moraines.

§. 155. J'en citerai encore une preuve très-sensible, savoir les *moraines* des glaciers : ces moraines sont de grands amas de sable et de pierres, et, même, de gros blocs, qui se trouvent à l'extrémité inférieure des glaciers et le long de leurs bords : ces amas sont les produits des fragmens qui se détachent continuellement des montagnes voisines, qui tombent

bent et s'accumulent sur les bords des glaciers, et qui,
suivant ensuite le mouvement progressif des glaces,
se répandent sur tout le glacier et descendent, avec
lui, dans les basses vallées où les glaces se fondent
et les pierres s'accumulent. On peut faire, ici, une
belle et juste réflexion géologique avec M. de Saussure, (art. 625) : savoir, que quand on considère
la quantité de matières que ces glaciers déposent,
continuellement, à leur extrémité, on doit être étonné qu'il n'y en ait pas des amas beaucoup plus considérables ; et on a lieu de croire que l'état actuel
de notre globe n'est pas aussi ancien que quelques
philosophes l'ont imaginé.

On pourroit rassembler, ici, beaucoup d'autres
preuves convaincantes de cette vérité : les grottes
qui ne sont pas encore remplies de stalactites, les
fours à cristaux qui ne sont pas encore comblés et
tant d'autres phénomènes dont on peut évaluer les
progrès ; mais pour ne pas donner trop d'étendue à
cet ouvrage, je m'en tiens à ce que je viens d'en
dire.

§. 156. Je ne sais pas quelle impression ces preuves font sur quelques esprits ; pour moi, sans prévention, et pour la vérité seule elles me persuadent
invinciblement, avec MM. de Luc, de Saussure, de
Dolomieu et beaucoup d'autres célèbres naturalistes,
qu'il n'y a pas long-temps que la surface de la terre

est arrangée comme nous la voyons. Non, me dis-je, avec M. de Dolomieu, (*Journal de Physique,* tom. 42, pag. 108); *non, cette tendance constante au nivellement qui a encore si peu aplani; ces agens de décomposition toujours actifs, qui ont si peu détruit; ces eaux chôriant sans cesse, qui ont si peu porté, ne sauroient présenter, à mon imagination ni à ma raison, l'idée d'une ancienneté incommensurable pour le moment où leur action a commencé.*

§. 157. On fait cependant plusieurs objections contre la nouveauté de la surface actuelle de la terre. Si, dit-on d'abord, si dans le temps de la catastrophe qui a arrangé la surface de la terre telle que nous la voyons, les rochers avoient été aussi durs qu'ils sont à présent, l'agitation des eaux la plus violente ne les auroit jamais creusés, aussi profondément qu'ils le sont, et n'y auroit jamais formé des détroits de plusieurs lieues de largeur, sur une longueur, quelquefois, de cent lieues.

M. de Dolomieu, qui avoit examiné et médité ce fait attentivement, nous dit, (*Journal de Physique,* tom. 39, pag. 393), que les flots brisent, pendant des siècles, sur des pointes de rochers, sans diminuer sensiblement leurs volumes; que, depuis des siècles, la rapidité des courans et l'agitation de la mer attaquent les rochers de Scylla, sans les faire reculer; que les écueils, à flots d'eau, qui sont l'ef-

froi des navigateurs, ne disparoissent pas sous la main
du temps : toujours couverts de l'écume des flots
qui se brisent dessus, ils résistent à ce combat continuel : et, mille ans après, un nouveau naufrage
vient attester qu'ils existent encore; en sorte que,
ajoute ce célèbre physicien, on ne sauroit citer un
rocher solide, seulement d'une demi-lieue d'étendue,
qui, depuis que l'histoire des hommes nous trans-
met quelques faits géographiques, ait disparu sous
les efforts des flots.

M. de Saussure paroît être dans le même senti-
ment : en parlant du fond et des parois d'une vallée,
composés d'une roche feuilletée tendre, il dit, (art.
1703) : ce fait confirme encore ce que j'ai souvent
observé, que diverses vallées ont été déterminées
par la mollesse des rochers dont elles occupent la
place.

La révolution de la surface de la terre est donc
arrivée dans un temps où les rochers étoient encore
assez moux pour être creusés profondément par une
agitation violente des eaux; dans un temps peu éloigné
de la formation primitive des montagnes ; dans un
temps, par conséquent, fort reculé et presqu'aussi
ancien que la terre même, à qui on ne peut pas refuser une antiquité bien au-delà de celle que l'on
voudroit assigner au changement de sa surface.

Pour répondre, clairement et solidement, à cette

objection ; réduisons-la à sa juste valeur, en disant : l'époque de la formation primitive de la terre et celle du changement de sa surface ne sont pas bien éloignées l'une de l'autre. Or, la formation primitive de la terre est très-ancienne : donc le changement de sa surface l'est aussi.

En admettant la première proposition, voici comment je retourne l'argument. L'époque de la formation primitive de la terre et celle du changement de sa surface ne sont pas bien éloignées l'une de l'autre. Or, le changement de sa surface n'est pas bien ancien. Donc sa formation primitive ne l'est guère plus.

Toute la difficulté, à présent, consiste à savoir laquelle des deux secondes propositions, c'est-à-dire, de l'antiquité de la terre ou de la nouveauté du changement de sa surface est la plus certaine en physique, et la mieux prouvée en elle-même. Or, sur quoi est appuyée la nouveauté de la surface de la terre ? sur des faits, sur de grands faits, sur des faits nombreux, non équivoques, clairs et évidens. Sur quoi est appuyée l'antiquité si exagérée de la terre ? uniquement sur des conjectures, sur des hypothèses, sur des suppositions arbitraires, quelquefois impossibles et même absurdes qui donneroient, chacune, au gré de chaque système, un univers différent, pour la nature et pour l'ancienneté.

La certitude de la nouveauté de la surface de la terre l'emporte donc sur celle de l'antiquité de cette même terre, autant qué des faits bien constatés doivent l'emporter sur des suppositions arbitraires. Il est donc certain que la terre et sa surface actuelle ne sont pas bien anciennes; puisque les époques de leurs existences ne sont pas éloignées l'une de l'autre, et que la nouveauté de sa surface est prouvée solidement par l'histoire naturelle.

§. 158. Le monde, ajoute-t-on, le monde (et la terre, comme ses autres parties) est composé de molécules dispersées, d'abord, dans un fluide immense; et réunies, ensuite, par les affinités, par l'attraction et par la cristallisation : ce qui a demandé bien du temps, pour organiser l'univers, comme il est; et ce qui prouve, par conséquent, une très-grande antiquité de la terre et de sa surface actuelle.

Mais on n'a pas fait assez attention que les règles des affinités, de l'attraction et de la cristallisation, fussent-elles aussi certaines qu'elles sont douteuses; les molécules *prétendues* abandonnées à ces règles, n'auroient fait que des masses informes, au plus, quelques cristaux ; mais, sans causes finales, sans rapports et sans proportions.

Cependant tous les corps animés nous montrent des rapports et des proportions, des parties faites et configurées les unes pour les autres; ce qui suppose, nécessairement, une intelligence qui a présidé à leur formation.

Quand on voit une machine qui exécute, régulièrement, tous les mouvemens des astres ; un édifice symmétrique, selon toutes les règles de l'art, on n'a garde de penser que le nombre précis des dents des roues et des pignons se soit fait, sans une intelligence qui les ait calculées ; ni que les parties de l'édifice se soient arrangées, *d'elles-mêmes*, si régulièrement.

Or, qu'est-ce qu'une telle machine, en comparaison de l'univers ? Qu'est-ce qu'un édifice, en comparaison du corps de l'homme ? Il a donc fallu une intelligence, et une intelligence souveraine, pour arranger l'univers et pour former les corps organisés : c'est-à-dire, que Dieu n'a pas fait, seulement, les parties intégrantes des corps, mais qu'il les a arrangées ; qu'il a fait un monde *adulte*.

Dans cet ordre de choses, rien, dans la nature, ne prouve une grande quantité de la terre : rien ne s'oppose à la nouveauté de sa surface actuelle.

§. 159. Mais quelle est la cause qui a pu produire tous les effets, aussi surprenans que merveilleux, que nous voyons répétés sur toute la surface de notre globe ? C'est-là principalement de quoi il s'agit en géologie ; et c'est sur quoi je vais tâcher de m'expliquer. Mais, avant de se décider à cet égard, il faut,

bien, connoître les qualités de cette cause intéressante ; et ce sont les effets eux-mêmes qui doivent
nous les indiquer. *Ex opere probatur opifex*. Et c'est
la troisième conséquence que j'en ai tirée.

TROISIÈME CONSÉQUENCE.

*Il a fallu une cause générale, uniforme, violente et
prompte, pour arranger la surface de la terre,
comme elle est à présent.*

§. 160. Les naturalistes conviennent, assez généralement, des deux premières qualités de cette cause ;
en effet, partout, en Sibérie, aux Philippines, au
Pérou comme en Europe ; partout, les montagnes,
surtout les plus hautes, sont dégradées, leurs sommets
sont taillés en obélisques, en tours, en pyramides,
ou du moins réduits en têtes isolées et élancées bien
au-dessus du corps de la montagne.

Partout, les grandes chaînes sont sillonnées, dans
leur longueur, et excavées à grande profondeur ; les
grandes vallées, qu'elles bordent, renferment encore
une grande partie de leurs débris et de ceux d'autres
montagnes éloignées et de différens genres.

Partout, les grandes plaines sont composées, au
moins à leur surface, de matières transportées, roulées et arrondies, qui viennent des montagnes qui
les environnent, et souvent de pays étrangers. Ces

matières y forment des monticules et des lambeaux d'un sol plus élevé qui a été détruit.

Partout, ou trouve des dépouilles de la mer, des coquillages, quelquefois par familles, plus souvent mélangés de différentes espèces; ici, bien conservés; là, tout concassés; et cela en fréquentes alternatives.

En un mot, partout la surface de notre globe est recouverte de matières transportées que M. de Dolomieu appelle le manteau de la terre. Et, de plus, partout ces phénomènes sont arrangés de la même manière. C'est donc une cause générale qui les a produits avec l'uniformité qu'on y voit.

§. 161. Les deux autres qualités de cette cause, savoir la violence et la promptitude avec lesquelles elle a opéré les merveilles que nous admirons, ne souffrent pas plus de difficulté que les précédentes. Trois faits principaux me frappèrent d'abord, quand je commençai à m'occuper de la géologie, et me forcèrent à reconnoître une cause violente et prompte, 1°. la dégradation énorme des montagnes, 2°. le creusage presque incompréhensible des vallées, 3°. le transport immense des débris. Quoi! me disois-je à moi-même, des pyramides, des obélisques taillés et isolés sur les hauteurs; des cirques, de 2 lieues de diamètre, creusés dans les montagnes, et les uns et les autres de 1200 toises de hauteur; des vallées, de 7 à 8

lieues de large, creusées à 1000 toises de profondeur ;
tous leurs débris, ou presque tous, balayés, enlevés et
transportés à 20, 30 et peut-être 100 lieues loin ;
et surtout des blocs énormes placés sur des montagnes étrangères, à 4 ou 500 toises au-dessus des vallées actuelles. Quelle force prodigieuse ne fallut-il
pas dans la cause qui produisit tous ces effets surprenans ? Quelle promptitude étonnante, pour enlever
toutes ces matières sans en presque point laisser au
pied des obélisques, ni sur les revers des montagnes
voisines ? Ce sont les idées qui viennent à l'esprit de
quiconque examine les faits attentivement et sans
prévention.

A présent que nous connoissons les qualités es-
sentielles de la cause que nous cherchons, savoir
qu'elle a dû être générale, uniforme, extrêmement
prompte et violente, nous pourrons la trouver plus
aisément, et exclure, plus sûrement, celles qui n'ont
pas pu avoir ces qualités au degré nécessaire pour
l'explication des phénomènes. Et, d'abord, ces qualités nécessaires prouvent une quatrième conséquence, savoir :

QUATRIÈME CONSÉQUENCE.

Les volcans, les tremblemens de terre, les fleuves et les courans de la mer n'ont pas pu arranger la surface de la terre, comme elle est à présent.

§. 162. En effet, les deux premières de ces causes étant locales, n'ont pas pu agir uniformément sur *toute* la surface du globe. Les deux autres sont trop foibles et trop lentes pour avoir produit des effets qui ont demandé une force extrêmement violente et prompte. Quand on voit des vallées très-longues et très-larges dont les parois de même nature entr'elles et fort élevées ont été lavées, sillonnées et arrondies par des eaux courantes, peut-on attribuer ces grandes opérations à des fleuves qui coulent paisiblement dans leurs fonds et dont ils n'occupent qu'une très-petite largeur? Les courans de la mer qui ne sont sensibles, que presqu'à la surface, auroient-ils creusé des vallées de 1200 toises de profondeur? D'ailleurs les unes et les autres de ces causes auroient-elles eu le temps de façonner la surface de la terre, comme elle est, à dater du commencement de son état actuel? Cependant le creusage des vallées et les autres principaux phénomènes à expliquer sont postérieurs à cette date.

Ces raisons ont forcé les partisans des causes foibles et lentes de reconnoître d'autres causes, sous

le nom de *courans qui ont exercé une action im-*
mense sur les couches de la terre, (Journal de Physique, t. 39, p. 298 et 299), *et qui ont travaillé sa*
surface à de grandes profondeurs. (Ibid. p. 446).

Voilà, précisément, ce que j'ai dis jusqu'à présent : mais ces agitations extrêmement violentes des
eaux de la mer n'auroient pas été dans l'ordre actuel des choses ; il auroit fallu une force extraordinaire pour les produire ; et on n'en assigne point :
c'est cependant ce que cherchent les naturalistes.

§. 163. M. de Luc emploie le feu, pour cela, et
principalement pour les matières vitrescibles distri-
buées sur toute la surface du globe, grosses et petites : ce savant physicien, (t. 5, p. 482), attribue cette distribution à des explosions occasionnées
par des fluides élastiques, dilatés par des feux souterrains.

Je ne crois pas qu'il y ait jamais pu avoir des explosions assez fortes pour jeter des blocs d'un mil-
lion pesant à 12 et 15 lieues loin : d'ailleurs ces
blocs ne se seroient pas arrondis en l'air ; ils auroient
laissé quelque marque de leur chute, par un enfoncement plus ou moins profond ; et, comme remarque M. de Saussure, (art. 207, p. 150), pour admettre cette hypothèse, il faudroit supposer des
feux d'une étendue et d'une violence extrême : or,
de tels feux auroient fondu ou calciné ces rochers,

ou du moins auroient lancé, avec eux, des laves ou des matières vitrifiées; mais on ne trouve ni sur ces blocs, ni dans les matières qui les entourent, aucune trace de l'action du feu; et au contraire, le sable et le gravier qui les accompagnent, sont des vestiges indubitables du passage des eaux.

§. 164. M. Pallas se sert aussi de l'eau et du feu pour changer la surface de la terre. Il suppose des volcans assez nombreux, assez grands, assez violens pour causer une *convulsion* prodigieuse du globe, une inondation violente qui, venant de l'Océan des Indes, auroit chassé, de toutes parts, une masse d'eau immense qui auroit bouleversé les continens, qui en auroit entraîné et dispersé les matières, pêle-mêle, avec les produits des animaux et des végétaux, et qui auroit formé les montagnes tertiaires.

Quelque violente qu'on suppose cette inondation, on ne conçoit pas qu'elle eut pu porter les eaux au-dessus des plus hautes montagnes, surtout dans les deux hémisphères : elle n'auroit donc pas été générale : elle n'auroit été qu'un déluge particulier, aux environs du foyer des volcans, et non pas la cause que nous cherchons.

§. 165. Voici comment M. de Saussure explique le transport des gros blocs des Alpes, sur le Jura et sur le Salève. Les eaux de l'Océan couvroient encore une partie de ces montagnes, dit ce célèbre natura-

liste, (art. 210), « lorsqu'une violénte secousse du
» globe ouvrit, tout-à-coup, de grandes cavités qui
» étoient vides auparavant, et causa la rupture d'un
» grand nombre de rochers.

» Les eaux se portèrent vers ces abîmes avec une
» violence extrême, proportionnée à la hauteur
» qu'elles avoient alors, creusèrent de profondes
» vallées et entraînèrent des quantités immenses de
» terres, de sables et de fragmens de toutes sortes
» de rochers. Ces amas, à *demi-liquides,* chassés par
» le poids des eaux, s'accumulèrent jusqu'à la hau-
» teur où nous voyons encore plusieurs de ces frag-
» mens épars : ensuite les eaux entraînèrent, peu-à-
» peu, les parties les plus légères, en laissant, en
» arrière, les masses les plus lourdes ».

Cette explication me paroît souffrir encore beaucoup de difficultés; car, 1°. les eaux de la débâcle
devoient recouvrir tout le globe jusqu'au-dessus des
plus hautes montagnes, puisque tous les sommets
ont été dégradés et recouverts ensuite; et qu'il y
avoit même d'autres montagnes plus élevées qui ont
été détruites : et M. de Saussure prend la débâcle
dans le temps que les eaux ne couvroient plus qu'une
partie des montagnes.

2°. Les eaux, qui, en coulant dans les cavernes,
n'auroient été *violemment* agitées qu'à la surface,

n'auroient pas taillé des obélisques, ni creusé des vallées qui se coupent à angles droits.

3°. Ces eaux n'auroient pas façonné, *uniformément*, *toute* la surface du globe, mais seulement sur le chemin des cavernes.

4°. Les gros blocs, dans un trajet de 12 à 15 lieues, se seroient enfoncés dans ces *amas à demi-liquides*, et n'auroient pas été portés sur les montagnes à quatre cents toises de hauteur.

§. 166. M. de Dolomieu, (Journal de Physique, t. 42, p. 54, et dans la note), avoit cru, d'abord, que les gros blocs des Alpes transportés sur le Jura, et tous les autres qui se trouvoient, sur de hautes montagnes, éloignés de leur pays natal, avoient été entraînés par les rivières voisines, dans des crues extraordinaires ; mais, après avoir examiné le poids énorme de ces blocs, le grand trajet qu'ils avoient parcouru, et la hauteur où ils se trouvoient isolés, il reconnut, bientôt, que les eaux des rivières étoient trop foibles pour cela, et d'autant plus que, même, dans leurs plus grandes crues, elles n'avoient jamais pu parvenir jusqu'à la hauteur des endroits où ces blocs et ses cailloux étoient en plus grande quantité ; et, par conséquent, que leur transport appartenoit à des moyens révolutionnaires absolument étrangers au *cours ordinaire de la nature :* moyens qui, en détruisant tous les lieux circonvoisins, avoient fait dis-

paroître le sol sur la pente duquel une forte impulsion les avoit fait rouler. Il parle, de même, du com-
blement de beaucoup de vallées, par des matières
étrangères à leur sol, souvent même étrangères à
tous les lieux des environs; sans qu'on aperçoive,
pour l'opérer, aucune cause qui tienne à *l'ordre
actuel des choses :* et dans la note, il regarde la
cause comme générale et comme étant la même qui
a creusé les vallées et qui, peut-être, a formé nos
couches secondaires.

C'est presque, mot-à-mot, ma façon d'expliquer
ces grands faits géologiques. Je me félicite de m'être
rencontré avec un savant aussi distingué que M. de
Dolomieu; mais on ne me soupçonnera pas de l'avoir
copié : son explication est du mois de janvier 1793;
et j'avois déjà consigné ces idées dans un mémoire
lu à la séance publique de l'académie de Besançon,
le 24 août 1786, et imprimé dans le Journal de
Physique, au mois d'avril 1787.

Nous ne sommes pas aussi bien d'accord sur la
cause qui a opéré la révolution de la surface de
notre globe. M. de Dolomieu, persuadé que cette
cause n'étoit pas dans l'ordre actuel des événemens,
se crut autorisé à la chercher dans un ordre différent. Des marées, qui se seroient élevées à 800 toises,
lui parurent le seul moyen propre à remplir toutes
les conditions singulières de ce problême géologi-

que ; mais ne prétendant pas s'élever jusqu'aux causes qui auroient pu les procurer, il ne les proposa que conditionnellement. *Si de telles marées*, dit-il, t. 39, p. 404, *avoient existé, elles auroient pu produire tous les phénomènes dont l'explication, par tout autre moyen, me paroît impossible.*

Ces marées auroient dû s'élever, non-seulement à 800 toises, mais à plus de 3,000 toises à la cime des plus hautes montagnes ; mais on ne connoît aucune cause, dans l'ordre ordinaire de la nature, qui ait pu les porter à cette hauteur ; si les astronomes-géomètres, dont M. de Dolomieu réclame la sanction, en connoissoient une, ils l'auroient déjà indiquée aux naturalistes, pour les tirer d'embarras.

Au reste, M. de Dolomieu observe que ces marées ne seroient pas plus extraordinaires que tous les autres événemens, dont la supposition a paru nécessaire aux géologues pour expliquer leurs systêmes : c'est-à-dire, que, dans tous les systêmes, on a été obligé de supposer des événemens au-dessus de l'ordre actuel des choses et dont on ignore absolument la cause.

En effet, des vapeurs sortant de la terre, réduites en eaux jusqu'à en former une couronne autour du globe de 5 à 6,000 toises d'épaisseur au-dessus du niveau actuel de la mer. Un dissolvant général et extrêmement actif, capable de tenir en

dissolution

dissolution six mille toises de la surface de la terre et, même, tous les métaux ; dissolvant qui a disparu, qu'on ne retrouve plus, et dont on ne connoît pas même la nature. Des cavernes, de quatre cens toises de profondeur, sous toute la surface de notre globe, capables de contenir cette masse énorme d'eaux qui l'auroit recouverte. Des fluides élastiques assez dilatés *dans ces cavernes immenses*, par des feux souterrains, pour soulever et fracasser toute cette surface, sans qu'on voie aucun vestige, ni des cavernes, ni des effets du feu.

Tout cela ne paroît-il pas aussi extraordinaire, aussi merveilleux, on peut dire aussi impossible que des marées de trois mille toises? Ne sont-ce pas là des suppositions arbitraires et purement gratuites, dictées par l'impossibilité de trouver des agens naturels pour expliquer les faits, et dont on se sert, parce qu'elles sont d'autant plus commodes qu'on n'est pas obligé de les prouver ?

Parmi tout cela cependant il y a quelque chose de vrai, prouvé évidemment par les faits et reconnu de tous les naturalistes. Je vais en faire ma cinquième conséquence.

Cinquième conséquence.

§. 167. 1°. Notre globe a été recouvert d'eau jusqu'au-dessus des montagnes les plus hautes. 2°. Ce

sont ces eaux qui ont changé sa surface en l'arran-
geant comme elle est à présent. 3°. Les eaux de la
mer y sont intervenues, puisqu'on trouve, partout,
ses productions en grande abondance. 4°. Ce ne sont
pas les eaux de la mer dans l'état de tranquillité où
nous les voyons actuellement, mais dans une agitation assez violente pour en ébranler la masse entière, jusqu'au fond de ses bassins, et pour en arracher les matières qui y reposoient. 5°. Nous ne connoissons aucun agent naturel, dans l'ordre actuel
des événemens, qui ait pu imprimer aux eaux une
impulsion assez forte pour opérer de si grands effets.
6°. Il a fallu, pour cela, une alternative d'alluvions,
ou une *seule* dont l'action ait été modifiée par une
foule de circonstances locales, comme dit M. de
Saussure, (art. 1301).

§. 168. Voilà jusqu'où s'étendent nos connoissances, et pas plus loin. Mais il y en a assez pour
expliquer tous les phénomènes. Il se présente cependant encore, ici, plusieurs questions intéressantes ; car, ou les eaux de la mer auroient agi, *seu-*
les, dans cette révolution, ou il y auroit eu un supplément. Seules, auroient-elles pu, *de manière*
quelconque, recouvrir tout le globe à la hauteur nécessaire ? Un supplément, d'où seroit-il venu ? et où
se seroit-il retiré ensuite ? Si j'étois obligé de répondre à ces questions, je dirois que, comme phy-

sicien, je n'en sais rien; et qu'aucun physicien ne le sait : j'y serois autorisé, en voyant que tous les plus célèbres naturalistes ont épuisé toute la force et toute la sagacité de leur génie, sans avoir pu trouver aucune réponse satisfaisante à ces questions, et qu'ils ont même désespéré de pouvoir en trouver.

Voici comment M. Ramond s'en explique. *Impérieuse et accablante évidence! s'écrie-t-il, (* p. 248 de ses observations *), désespoir de tant d'hypothèses! contentons-nous de te reconnoître, si nous ne pouvons t'expliquer, et qu'une fois de plus, on soit obligé d'admettre, à force de preuves, ce qu'on ne peut établir à force de raisonnemens.*

M. de Saussure pensoit de même : il nous dit, (art. 2262) : *Placés sur cette planète depuis hier et seulement pour un jour, nous ne pouvons que désirer des connoissances que, vraisemblablement, nous n'atteindrons jamais.*

M. de Luc, (tome 2, p. 211), renonça à l'explication de l'origine de certaines montagnes, parce qu'elle lui parut impossible. Ainsi, tous les naturalistes ont trouvé, dans leurs systèmes, des difficultés insurmontables.

Toutes ces raisons empêchèrent M. Pallas d'entreprendre l'explication de l'énigme mystérieuse de la formation de notre globe : il se contenta de chercher à expliquer l'état présent de sa furface. C'est aussi le parti que j'ai pris, et que j'ai déjà annoncé dans le Discours préliminaire de cet ouvrage. Quant à la formation primitive de la terre, je m'en tiens à la vérité suivante, que M. Ramond a si bien rendue, en disant : *Connoître est à celui qui, en livrant la terre à vos partages et l'univers à nos disputes, étendit entre la création et nous, et entre nous et nous-mêmes, la sainte obscurité qui le couvre.*

Il ne me reste donc qu'à expliquer les phéno-mènes de la surface de la terre par les connoissances que nous avons, et sans supposition.

Explication des phénomènes.

§. 169. Pour procéder avec ordre, je commen-cerai par le phénomène le plus difficile : il nous con-duira, naturellement, à l'explication de tous les au-tres. C'est celui de la position des blocs énormes des Alpes sur le Jura et sur le Salève, où ils sont en grand nombre, séparés de leur pays natal, par des vallées larges et profondes.

Nous avons, sur ce phénomène, trois données évidemment tirées des faits. 1°. Ces vallées n'étoient pas encore creusées dans le temps de l'émigration des blocs ; sans cela ces blocs s'y seroient précipités. 2°. Il y avoit une pente continue, plus ou moins rapide, depuis les montagnes d'où ces blocs furent détachés jusqu'à celles où ils sont à présent ; an-

trement, ils n'auroient jamais pu être élevés si haut.
5°. Il n'y a que de grandes eaux, violemment agitées,
qui aient pu transporter ces blocs et creuser ensuite
les vallées, (§. 167 et ailleurs).

Sur ces notions, il est facile de comprendre comment ces blocs se trouvent, à présent, isolés dans
des pays étrangers et de différente nature. Voici
comment, dès le commencement de la débâcle, cet
agent puissant, ces eaux, en masse énorme et dans
une agitation extrême, détachèrent ces blocs des
montagnes primitives, les roulèrent sur cette pente
intermédiaire ; le Jura et le Salève, déjà un peu
creusés, les arrêtèrent près de leur sommet : les
eaux, continuant leurs ravages, abattirent d'autres
blocs, les conduisirent par le même chemin et les
placèrent sur les mêmes montagnes, mais plus bas ;
parce que ces montagnes étoient déjà un peu plus
creusées. Ainsi de suite jusqu'au fond des vallées
actuelles et dans les plaines voisines.

Voilà donc le transport des blocs et le creusage
des vallées opérés, en même temps, par la débâcle,
et je regarde ce fait essentiel comme démontré,
non-seulement pour les Alpes, mais pour toute la
surface du globe ; puisqu'il est prouvé, (§. 160),
que la cause de son arrangement actuel fut générale.

Tous les autres phénomènes dépendent de celui-

ci , par une liaison naturelle qui conduit , facilement,
à l'explication des uns par les autres , comme on
verra dans les articles suivans ; sans avoir besoin de
recourir à des moyens forcés , à des affaissemens ,
à des soulèvemens , à des redressemens de montagnes
entières.

Destruction de plusieurs montagnes.

§. 170. Il n'est pas rare de trouver , dans les
Alpes et dans les autres grandes chaînes de montagnes , des débris calcaires mêlés avec des vitrifiables , tous à *angles vifs;* (art. 126). Il y avoit donc,
autrefois , des montagnes calcaires dans les environs ; il n'y en a cependant plus à présent ; elles ont
donc été détruites. Dans la vallée d'Entremont qui
conduit au Grand-Saint-Bernard du côté du Vallais ,
et sur les montagnes qui la bordent , il y a beaucoup
de gros blocs de granit isolés et arrondis ; cependant il n'y a point de montagnes granitiques aux environs , ni sur la crête voisine du Saint - Bernard. Il
paroît naturel de penser que des montagnes granitiques , plus élevées , furent détruites par la débâcle.
Voyez une autre explication du même fait , (ici ,
art. 70 et 71). Ainsi l'existence du Mont-Perdu ,
selon la remarque de M. Ramond , au sommet des
Pyrénées , formé de matières secondaires et même
tertiaires , isolé , à grande distance , de toutes mon-

tagnes qui aient pu lui fournir ces élémens, suppose la destruction de quelques autres montagnes.

On peut attribuer à la même cause un fait remarquable et qui surprit beaucoup M. de Saussure, (art. 1301). Ce fait est que la partie la plus élevée de la chaîne du Mont-Cénis, les cimes, même, les plus hautes sont, en entier, des schistes micacés, plus ou moins mélangés de parties calcaires ; et que les granits sont relégués loin de la chaîne centrale, pour ne former que des montagnes du second ordre ; tandis que dans plusieurs parties des Alpes et de diverses autres grandes chaînes de montagnes, les granits occupent la chaîne centrale et forment les cimes les plus élevées : le même fait se répète dans les Cévènes, dans les Pyrénées et en bien d'autres endroits. Il paroît donc que ces granits relégués ont été abattus du sommet et remplacés par des débris. C'est l'idée de M. Ramond, qui dit, à ce sujet : On voit trop de signes de subversion, pour que l'infériorité actuelle du granit soit une preuve de son infériorité originaire.

Forme et structure des montagnes actuelles.

§. 171. Les grandes eaux, en creusant les vallées, formèrent nécessairement des montagnes, dans la même direction, avec tous les accidens qui en font à présent la structure ; c'est-à-dire, qu'elles les silfonnèrent et les escarpèrent : elles taillèrent les sommités, en crêtes, quelquefois, fort étroites et fort rapides, surtout dans les plus hautes montagnes ; elles y formèrent des têtes isolées et arrondies, des aiguilles, des pyramides, des tours ; elles y creusèrent des cirques ; elles nivelèrent, sur les revers, des plateaux qui séparent des pentes, ordinairement, plus rapides près du sommet, plus douces vers le milieu, et presqu'horizontales, dans le bas (1).

Dans les montagnes plus basses, les eaux détruisirent des chaînes entières, en place desquelles on voit des grandes plaines ou grands plateaux qui sont de niveau, quelquefois, sur 20 à 30 lieues de longueur et sur 10 à 12 de largeur.

C'est cet état des montagnes, dégradées par la débâcle, que j'appellerai le reste des anciennes et le noyau des nouvelles.

Vallées transversales.

§. 172. Nous avons des vallées transversales ; j'entends des vallées perpendiculaires à la chaîne centrale, de chaque côté, et correspondantes entr'elles par des *cols*, ou *passages*, ou *ports* ; et qui se terminent, ordinairement, aux grandes vallées longi-

---

(1) Telle est l'origine des têtes isolées des **Vosges**, recouvertes de grès et de grès-poudingues, avec de gros blocs de granits arrondis. (Voyez art. 111.)

tudinales : elles sont fréquentes dans les Alpes. Ce
ne fut pas la même direction des eaux qui creusa ces
vallées dirigées si différemment. Il y eut donc, dans
les eaux, deux mouvemens, violens et bien marqués ;
l'un, du N-E au S-O, et l'autre, du S-E au N-O.
De plus, les escarpemens sont beaucoup plus rapides
et les vallées transversales moins longues au S-E qu'au
N-O ; ce qui prouve que les eaux venant du S-E agi-
rent avec beaucoup plus de violence de ce côté-là ;
et qu'elles y détruisirent une plus grande partie des
montagnes : c'est pour les mêmes raisons que M. Ramond fait venir du Sud les eaux·qui attaquèrent les
Pyrénées.

Vallées obliques.

§. 173. Il n'est pas surprenant que, dans la variation du mouvement des eaux, elles aient attaqué,
quelquefois, les montagnes obliquement. D'ailleurs
ces eaux resserrées et agitées dans des vallées profondes, et cherchant sans cesse à s'échapper, agissoient violemment contre les parois, et les enfonçoient
jusqu'à une certaine distance. Il y a dix à douze de
ces vallées obliques le long du Jura, depuis Besançon jusqu'à Bourg-en-Bresse, qui font un angle de
40 à 50 degrés avec la direction de la vallée de la
Saône, dont le Jura est une parois.

C'est aussi au même agent du creusage des vallées

que nous devons des passages au travers de beaucoup de montagnes coupées sur leur largeur et dans toute leur hauteur, et où les côtés se répondent exactement pour la nature et la position des matières qui les composent. La Birce en traverse cinq à six dans la seule principauté de Porentrui, qui séparent autant de vallées, dont les habitans auroient peine à se communiquer sans ces passages.

Détroits.

§. 174. Nous avons une quantité prodigieuse de détroits : il y en a de fort longs sur une grande hauteur : ordinairement, leurs parois sont entièrement semblables, et ne laissent aucun doute qu'elles n'aient été, autrefois, jointes par des matières intermédiaires et de même nature. C'est ce que l'on voit au détroit de Gibraltar, au fare de Messine, au pas de Calais, etc. etc. Quelle force immense ne fallut-il pas dans les eaux pour creuser ces détroits? Ouvrages évidens de la grande révolution qui a changé la surface de la terre.

Débris.

§. 175. Il n'est pas difficile de se représenter l'immensité des débris que la débâcle produisit, par les destructions précédentes. Mais que devinrent ces débris? Partout, nous les foulons aux pieds. On les trouve sur les montagnes, dans les vallées, dans les plaines, et jusque sur les bords de la mer, dont ils reculèrent les limites. Et c'est ce qu'on appelle la *couverture*, le *manteau* de la terre.

Les premiers débris furent travaillés de nouveau par les grandes eaux qui, continuant leurs opérations, en amenèrent d'autres qu'elles mêlèrent avec les premiers et les entraînèrent tous ensemble. Et qui sait combien de fois ces mélanges et ces transports se renouvellèrent pendant tout le temps de la débâcle? Ce qui est certain, c'est que les différens genres sont mêlés en plus grand nombre, à proportion qu'ils sont plus éloignés de leur première origine, comme on voit dans le bas de toutes les grandes vallées. (§. 75, p. 130 et ailleurs).

Il seroit impossible d'assigner, *en détail*, toutes les combinaisons des différentes matières avec les nuances infinies qui s'opérèrent dans un état de trouble aussi long et aussi violent que celui de la révolution. On en reconnoît cependant, *en grand*, des effets bien marqués, tels que les suivans.

Débris qui recouvrent les montagnes.

§. 176. Il y a des montagnes contiguës de différente nature; d'autres isolées et de différente nature aussi, mais mêlées les unes parmi les autres; d'autres mi-parties de calcaire et de vitrifiable adossés l'un à l'autre; dans d'autres encore, le haut de la

montagne est différent de la base ; et cela sans mélange des matières qui les composent.

Cet état des montagnes n'est pas le plus commun ;
mais, plus ordinairement, dans les montagnes de différente nature, qui se touchent, il y a des transi-
tions et des mélanges des différentes matières, qui
s'étendent plus ou moins loin du point de contact.

Cette séparation et ce mélange des matières se
trouvent aussi dans les couches d'une même montagne : quelquefois ces couches différentes sont posées les unes à côté des autres, ou superposées les
unes aux autres, avec des alternatives fréquentes :
d'autres fois, elles s'entrelacent, se mêlent et se pénètrent mutuellement : dans tous ces mélanges, les
unes sont horizontales, les autres sont verticales, et
d'autres plus ou moins inclinées et, quelquefois, en
différens sens : et, ce qu'il y a de plus singulier,
c'est que ces différentes couches se trouvent, en bien
des endroits, ondées, pliées, contournées en S, en C,
en)(, et, même, roulées en spirale, en un mot,
fléchies en mille manières, telles que leur confusion
ne peut pas se décrire, comme dit M. Ramond : et
cela à côté, ou au-dessus, ou au-dessous d'autres couches régulières. Voyez les Pyrénées, (§. 150 et suiv.)

Quelque partisan que l'on soit de la cristallisation,
je ne crois pas que l'on puisse regarder cet état des
choses comme explicable par son moyen, même avec

tous les caprices qu'on lui attribue ; mais la débâcle, avec tous ses ravages, sa force extrême et toutes ses variations, me paroît propre et suffisante pour expliquer tout cela d'une manière assez satisfaisante.

En effet, cet agent violent pouvoit entraîner des matières différentes, sans les mêler, comme nous voyons des eaux différentes, au bas du confluent de deux rivières, marcher à côté l'une de l'autre et séparées, pendant quelque temps : plus souvent, les matières se méloient, surtout, près des bords : d'autres, leur succédant, venoient se poser à côté ou sur les premières. Toutes ces matières, en se déposant sur les montagnes, ou en s'arrêtant contre, prenoient les différentes inclinaisons des noyaux anciens qui leur servoient de sol : et, de plus, les impulsions variées, les agitations continuelles, en les battant, les précipitant, les relevant, à plusieurs reprises, les inclinoient différemment. Les dernières eaux, creusant facilement dans ces matières, nouvellement, déposées, leur donnèrent aussi différentes formes et différemment inclinées : le desséchement et le retrait en firent ensuite des couches, en laissant les mélanges tels qu'ils étoient avec leurs inclinaisons.

Quant à la bizarrerie des formes contournées, qui a surprit et embarrassé, avec raison, tous les naturalistes, elle me paroît l'effet de l'agitation des eaux et du combat des matières qui se heurtant et se dépla-

çant successivement, se pétrissoient, s'amollissoient
et se contournoient en toutes formes plus bizarres les
unes que les autres; ce qui paroît d'autant plus probable que toutes ces formes se trouvent ordinairement dans des matières entièrement argileuses ou
du moins mêlées de beaucoup d'argile qui prend facilement différentes formes.

Débris dans les vallées.

§. 177. Les vallées furent remplies des débris jusqu'à une certaine hauteur et dans toute leur largeur:
il en reste des témoins irrécusables, (art. 62 et 63):
ce sont des monticules de nature différente des montagnes voisines, épars au milieu des vallées, isolés
les uns des autres, ceux-ci arrondis, ceux-là alongés dans la direction du cours des eaux. Il y a aussi
de ces débris appuyés et penchés contre les montagnes qui bordent les vallées, presque sur toute leur
longueur, quelquefois, sur plusieurs lieues de largeur et sur une hauteur de 7 à 8 cents toises. On
trouve des blocs étrangers, de plusieurs toises cubes, enfouis dans ces débris ou posés à leur superficie.

La diversité des matières et leurs différens arrangemens dans certaines vallées, semblent prouver
qu'elles ont été remplies et vidées plusieurs fois. Ce
phénomène paroissoit, à M. de Dolomieu, un des
plus difficiles à expliquer; mais je le regarde comme

une suite nécessaire de la grande débâcle qui , après avoir creusé les vallées , les remplissoit des débris des montagnes, les balayoit ensuite et les remplissoit de nouveau , peut-être à beaucoup de reprises.

Ce phénomène me conduit naturellement à l'explication d'un autre qui surprit beaucoup M. de Saussure , (art. 919). Ce sont les montagnes entre le Cramont et le Mont-Blanc, qui , *toutes* , sont escarpées et inclinées contre le Mont-Blanc , et qui paroissent tendre à s'y réunir, de même que toute la chaîne qui borde l'Allée-Blanche au S-E. Ce phénomène n'est pas rare. M. de Saussure a recours, pour l'expliquer, à un soulèvement violent de toute la chaîne, qui auroit donné à ces montagnes leur situation actuelle ; mais, sans soulèvement, et sans autre supposition violente, il me paroît plus naturel de dire que toutes ces montagnes formoient un seul corps penché et appuyé contre le Mont-Blanc , et que la débâcle les sillonna et les escarpa en laissant à chaque bande son inclinaison du côté de la même montagne.

Débris dans les plaines.

§. 178. J'ai déjà parlé de ces débris, (§. 124 et ailleurs) ; j'ajouterai seulement, ici, que les plaines en avoient été comblées bien au-dessus de leur sol actuel : dans celles de la Lombardie, ces débris étoient autrefois, au moins, aussi élevés que les sommets des *collines du Mont-Ferrat;* puisque les blocs d'un poids énorme qui s'y trouvent, n'auroient pas pu y arriver, sans cela. La débâcle travailla donc de nouveau tous ces dépôts immenses des plaines, et les entraîna dans la mer, en laissant, pour témoins de ses opérations, des collines et des monticules isolés, échappés à ses ravages, comme nous avons dit pour les vallées.

Débris dans la mer.

§. 179. On ne peut pas voir tous les débris qui sont engloutis dans la mer; mais on peut du moins s'assurer qu'il y en a une très-grande quantité. Nous venons de voir qu'une grande partie de ceux des plaines voisines y furent entraînés. Nous en trouvons encore des montagnes entières sur ses bords : il seroit bien difficile que *tous* se fussent arrêtés là. Il y en a aussi à cent ou deux cents pieds de profondeur au-dessous de son niveau, et plus ou moins éloignés de son rivage. Mais qui sait à quelle distance précise on peut étendre ces attérissemens? Y auroit-il de l'exagération de dire que la mer flottoit, autrefois, au pied des Alpes, des Vosges et du Jura, et que les débris de ces montagnes reculèrent et fixèrent ses limites où nous les voyons?

Autres

Autres débris répandus sur toute la surface de notre globe.

§. 180. Les grandes eaux, en détachant, roulant, mêlant et battant violemment tous les blocs et les cailloux, dont nous venons de parler, produisirent des matières plus tenues dans le vitrifiable et le calcaire. Ces matières plus légères furent, ordinairement, transportées plus loin que les autres et déposées les dernières. Voilà l'origine des sables, des argiles, des glaises, des marnes, des craies et de toutes les terres mélangées, à différentes doses, de tous ces élémens. Ces mêmes matières se durcissant, en bien des endroits, formèrent des concrétions siliceuses, argileuses, marneuses, calcaires, et le plus souvent mi-parties ou plus ou moins mélangées, que nous connoissons, sous les noms de grès, de silex, de pierres meulières, de salières, de *chailles* (1), etc.

Corps marins (2).

§. 181. La dispersion des corps marins sur toute la surface de notre globe, même à de grandes distances et dans des endroits où l'on ne trouve pas les analogues dans les mers voisines, leur mélange entr'eux et avec des matières terrestres, leur état d'in-

______

(1) En quelques endroits, on appelle *chailles*, des concrétions argileuses.

(2) Voyez §. 144.

tégrité ou de destruction plus ou moins grande ne
doivent pas surprendre après toutes les destructions,
les mélanges, et les transports des autres matières
que nous venons de voir. La seule circonstance qui
me paroît souffrir quelque difficulté, ce sont les hauteurs où ils se trouvent, (§. 144). Mais en réfléchis-
sant à l'ordre de la révolution et à la nature de ces
corps, on verra que c'étoit l'arrangement qu'ils devoient prendre naturellement.

En effet, les coquillages étant des corps légers s'é-
levèrent, d'abord, au-dessus des eaux de la débâcle,
qui étoient encore pures et sans mélange, surtout
dans le dessus; ainsi rien ne cherchoit à les précipiter sur les plus hautes montagnes, ni leur propre
poids ni les corps étrangers. Quelque temps après, les
eaux se chargèrent de débris : les matières argileuses comme plus gluantes s'attachèrent aux coquilles,
les remplirent et en précipitèrent quelques-unes :
voilà pourquoi, dans les montagnes, on les trouve,
presque toujours dans des glaises. Quand les eaux
furent plus basses et plus chargées de toutes sortes
de matières, alors les coquilles plus voisines de ces
débris, se mêlèrent avec eux, en plus grande quantité, se brisèrent plus ou moins, selon leur nature
et la force de l'agitation des eaux. Enfin tout ce mélange se déposa, se dessécha, et forma les pierres
coquillières.

Quant aux falunières, je les regarde comme de grands amas de corps marins réunis, et formant des espèces de radeaux qui naviguèrent tant que les eaux furent assez grandes pour les porter, mais qui s'arrêtèrent dans les eaux basses.

Os d'éléphans, de rhinocéros, etc. ; plantes et autres productions exotiques (1).

§. 182. Les os d'éléphans enfouis, à de grandes profondeurs, sur les bords de la mer Glaciale, est un des phénomènes qui ont le plus embarrassé les naturalistes. Quelques-uns ont dérangé le ciel et la terre pour l'expliquer, en faisant vivre ces animaux dans les régions où l'on trouve leurs dépouilles; cependant leur transport présente moins de difficulté que celui des blocs de 15 à 20 toises cubes, que personne ne révoque en doute

Mais, dit-on, dans un trajet aussi long et aussi violent qu'on le suppose, ces animaux auroient été déchirés, et leurs os brisés, fracassés, arrondis. Oui, aussi ont-ils été déchirés et leurs différentes parties dispersées; puisque, même, dans les endroits où l'on en trouve le plus, on peut à peine rassembler toutes les parties nécessaires pour en former un squelette. Leurs os ne sont pas arrondis, parce qu'ils n'ont pas été roulés, mais transportés : d'ailleurs la dispersion

(1) Voyez §. 145.

de ces os suppose toujours un transport quelconque ; or, un peu plus, un peu moins de distance n'empêche pas qu'on puisse les faire venir des pays où leurs semblables vivent actuellement.

Le rhinocéros, trouvé avec son poil, auroit été corrompu en chemin, dit-on encore. Il l'auroit été bien plus facilement, dans le pays où il se trouve, si ce pays avoit été aussi chaud qu'on le dit.

On objecte aussi que les dépouilles de ces grands animaux ne se trouvent que le long des rivières, et que cependant, dans le cas de transport par une débâcle générale, elles devroient se trouver également partout. Les rivières, en rongeant leurs bords, découvrent de ces dépouilles, plus qu'on n'en voit dans les pays intactes, cela est vrai ; mais on en a trouvé aussi très-souvent, dans des fouilles ; et si ces fouilles étoient plus fréquentes, on en trouveroit davantage.

C'est aussi au même agent qui a transporté ces dépouilles des éléphans, que l'on peut attribuer les coquilles, les poissons, les plantes exotiques que nous trouvons avec ces dépouilles, et en plusieurs autres endroits des pays septentrionaux.

Plâtres ou gypses, charbons de terre (1) *et mines de fer, en grains.*

§. 185. M. de Buffon regarde toutes ces matières

---

(1) Voyez §. 147.

comme transportées et déposées par des grandes eaux. *Une colline de plâtre*, dit-il, (tome 2 des minéraux, p. 97), *n'est qu'un gros tas de décombres amenés par les eaux, dans un ordre assez confus.* Et M. de Saussure, (art. 1239), croit les gypses du Mont-Cénis d'une formation récente, en comparaison du sol sur lequel ils reposent ; c'est pourquoi il les appelle une *production parasite.*

Selon M. de Buffon, (ibid. p. 188), les couches ou veines de charbon de terre ont été roulées, transportées, et déposées par les eaux, en même temps et de la même manière, que toutes les autres matières ; c'est pour cela que ce charbon est presque toujours mélangé de parties hétérogènes, et qu'il se trouve dans les argiles, les schistes, les grès et autres matières de la seconde formation. Les bois fossiles ont été renversés dans les lieux où ils se trouvent, ou entraînés par la débâcle.

Toutes les mines de fer, en grains, en ocre ou rouille et en concrétion tirent leur origine de la décomposition des rochers primitifs de fer : et c'est par cette décomposition opérée par les eaux, comme observe M. de Buffon, (tome 4, pag. 28), que la matière du fer s'est trouvée répandue sur toutes les parties de la surface du globe.

Mais la formation, en grains, de ces matières ferrugineuses que ce célèbre naturaliste attribue à la terre limoneuse est, au moins, bien douteuse : il paroîtroit plus naturel de tirer, immédiatement, ces mines, en grains, des rochers primitifs de fer, dont les débris auroient été cassés, roulés et arrondis comme ceux du quartz qui forment des grès ; et d'autant plus que ces grains sont polis et luisans et qu'on trouve avec eux, en bien des endroits, des petits cristaux de roche arrondis, ou du moins, dont les angles ont été abattus par le roulement.

§. 184. Voilà donc les principaux phénomènes expliqués, *sans aucune hypothèse,* mais par suite d'opérations d'un seul et unique agent, (*des grandes eaux violemment agitées*), reconnu de tous les naturalistes. Mais aussi, au milieu de toutes les destructions, de tous les mélanges et les transports, qui pourroit ne pas reconnoître et dire, avec M. Ramond, que *partout le plan primitif a été altéré, que les premières dispositions ont également disparu dans le bouleversement général, que dès-lors, partout un monde nouveau, né des débris de l'ancien monde?* Et, par une conséquence bien intéressante, qu'on doit reconnoître, dans tous les systêmes, c'est que les observations, ne se faisant que sur des décombres, ne peuvent nullement nous faire connoître l'intérieur du globe ni sa première formation ; en sorte que tous les arrangemens de couches formées d'abord horizontalement et redressées ensuite, de manière quelconque, ne sont que de pures suppositions arbitraires.

§. 185. Mais, avec tout cela, l'origine et la retraite des grandes eaux, qui ont opéré un changement si étonnant dans la surface de la terre, demeurent toujours inconnues, comme je l'ai déjà dit, (§. 174). Sur cela, M. de Dolomieu observe, (tome 39, pag. 403), que quand le naturaliste *sera persuadé que la cause de tout ce qu'il voit n'est point dans l'ordre actuel des événemens, il sera autorisé à la chercher dans un ordre différent ;* c'est pourquoi il eut recours à des marées extraordinaires. M. de la Métherie, pour expliquer l'existence des os d'éléphans, près de la mer Glaciale, s'appuye sur une tradition d'un printemps perpétuel pour tout le globe. Seroit-ce donc pour moi, un grand crime *géologique* de chercher l'origine et la retraite des eaux, en question, dans un événement qui a laissé, chez différens peuples, un souvenir transmit par une tradition plus sûre qu'un printemps perpétuel, avec l'idée d'un châtiment infligé par un Dieu irrité? Je ne crois pas. Je suis persuadé, au contraire, que quiconque reconnoît une intelligence souveraine, maîtresse des événemens extraordinaires qui sont au-dessus de la portée de l'esprit humain, ne se refusera pas à cette opinion qui peut et qui, *seule*, peut expliquer ce qui nous manque en géologie. Si plus heureux, à l'avenir, on découvroit ce que l'on cherche, de manière à lever toutes difficultés, toutes incertitudes, toutes contradictions, sans hypothèse, sans supposition arbitraire, mais par des faits généraux, certains, clairs et évidens ; alors, sans renoncer au fait dont je viens de parler, je serois le premier à reconnoître la cause naturelle qu'on auroit découverte, et qui auroit produit tous les grands effets connus et admirés de tous les naturalistes. Mais, sans en désespérer absolument, je crois avec MM. de Saussure, Ramond, et beaucoup d'autres célèbres physiciens, que cette cause naturelle sera inconnue jusqu'à nos derniers neveux.

§. 186. Quant à un déluge universel, il est appuyé sur une tradition de tous les peuples, même des Païens : rien ne le contredit dans l'ordre de la nature : au contraire l'histoire naturelle en prouve la vérité. On peut remarquer, en effet, dans le détail des faits rapportés dans cet ouvrage, cinq points essentiels de réunion, bien marqués et bien précis entre l'histoire naturelle et le récit de Moïse.

1°. L'histoire naturelle nous dit que la surface de la terre a été changée, (§. 150), et Moïse après avoir rapporté la menace que Dieu fit aux hommes de les détruire *avec la terre*, dit ensuite qu'il avoit exécuté sa menace.

2°. L'histoire naturelle montre que l'état actuel de

nos continens ne peut pas être bien ancien , (§. 151
et suiv.) Les faits historiques sont, en cela, d'accord avec ceux de la nature, dit M. de Dolomieu,
(Journal de Physique, t. 39, p. 44), et la race
des hommes étoit, sûrement, bien récente il y a six
mille ans, ajoute ce savant physicien. M. de Luc,
t. 5, p. 632, dit aussi que l'histoire naturelle dé-
pose que nos continens, (*la surface actuelle de la
terre*), ne sauroient être plus anciens qu'environ
quarante siècles. Et c'est, à-peu-près, l'époque
que Moïse donne au déluge, savoir 4161 ans.

3°. L'histoire naturelle nous apprend qu'il n'y
avoit pas long-temps que la terre existoit, à l'époque
du changement de sa surface; (*dans la réponse à l'objection*, §. 157, *pag.* 276 *et suiv.*), et Moïse place
le déluge seulement 1649 ans après la création de
la terre.

4°. L'histoire naturelle nous dit qu'il fallut de
grandes eaux et violemment agitées pour opérer le
changement de la surface de la terre, (§. 173), et,
Moïse nous annonce des eaux extraordinaires, avec
toutes ces circonstances.

5°. L'histoire naturelle exige plusieurs alluvions,
pour arranger la surface de la terre, comme elle est,
ou, comme dit M. de Saussure, (art. 1302), une cause
unique (une seule alluvion) dont l'action auroit été
modifiée par une foule de circonstances locales. Selon

le récit de Moïse, il n'y eut qu'une alluvion ; mais qui dura près d'un an : les eaux étoient agitées : elles alloient et revenoient : leur action et leurs effets furent ainsi modifiées par une foule de circonstances.

§. 187. En vain demanderoit-on d'où seroient venues ces eaux, et où elles se seroient retirées ensuite ; car ce ne seroit pas alors un fait dans l'ordre ordinaire de la nature. Dieu auroit pu l'opérer de mille et mille manières : et ce seroit, ici, particulièrement qu'on pourroit appliquer ce que j'ai déjà dit après M. Ramond. *Connoître est à celui qui, en livrant la terre à nos partages et l'univers à nos disputes, étendit entre la création et nous, et entre nous et nous-mêmes, la sainte obscurité qui le couvre.*

D'ailleurs cette opinion n'empêcheroit pas des recherches ultérieures : elle les faciliteroit au contraire ; en effet, le naturaliste ne s'égarant plus dans le labyrinthe des systêmes et des hypothèses, pour expliquer la cause de ce qu'il verroit, ne penseroit qu'à bien examiner les faits, à réunir tous ceux qui tendroient au même but, à établir des règles qui deviendroient certaines et capables de diriger d'autres recherches utiles à la société, et de contribuer ainsi au progrès d'une science pratique et intéressante. *Amen. Ainsi soit-il.*

RAPPORT

DE

L'INSTITUT NATIONAL.

CLASSE DES SCIENCES PHYSIQUES ET MATHÉMATIQUES.

Le secrétaire perpétuel pour les sciences naturelles, certifie que ce qui suit est extrait du procès-verbal de la séance du lundi 11 août 1806.

La classe a chargé MM. Haüy, Lelièvre et moi, de lui rendre compte d'un ouvrage manuscrit de *M. André*, ci-devant connu sous le nom du *P. Chrysologue, de Gy*, lequel ouvrage est intitulé : *Théorie de la surface actuelle de la terre.*

Comme c'est la première occasion remarquable qui se soit présentée jusqu'ici, d'entretenir la classe de matières géologiques, il ne sera peut-être pas hors de propos de présenter d'abord quelques réflexions générales sur la manière dont une compagnie, telle que la nôtre, peut et doit envisager ces sortes de recherches.

L'histoire naturelle des corps non organisés, communément nommés corps bruts, ou minéraux, se divise en deux branches principales.

Dans l'une, on examine chacun de ces corps, en lui-même, et dans ses propriétés chimiques et physiques ; on lui assigne ses caractères distinctifs et son rang dans la méthode générale. Cette partie a plus particulièrement retenu le nom de *minéralogie ;* presque toujours cultivée par de bons esprits, elle est arrivée aujourd'hui à un degré de précision et d'exactitude, égal au moins, à celui de toutes les autres sciences physiques.

L'autre branche de l'histoire des minéraux a, pour objet, la position réciproque de leurs différentes espèces et des masses composées de l'une, ou de plusieurs d'entr'elles. C'est cette branche qui nous apprend quelles matières forment de grandes étendues de pays ; quelles autres sont restreintes comme nichées dans les vides ou les fissures des premières ; elle nous fait connoître quelles substances forment respectivement les grandes chaînes, les montagnes inférieures, les collines et les plaines. Elle s'occupe, surtout, de la superposition des minéraux, et nous apprend à distinguer ceux qui portent toujours les autres, de ceux qui les surmontent toujours, ou en un mot, l'ordre que suivent leurs différentes couches.

On lui donne les noms de *géologie, géognosie,* ou

géographie physique, selon qu'on lui fait porter ses recherches plus ou moins profondément.

Il est clair que c'est une science susceptible d'autant d'exactitude, que la minéralogie proprement dite. Il ne s'agit, pour lui procurer cette qualité, que de la traiter comme toutes les sciences naturelles doivent l'être, c'est-à-dire, de constater, avec soin, les faits particuliers et de n'en déduire des conclusions générales, que lorsque ces faits sont rassemblés en nombre suffisant, et en observant toujours les règles d'une logique rigoureuse. Il est clair encore que cette science ne fait pas une partie moins indispensable de l'histoire naturelle et de la connoissance du globe, que la minéralogie ordinaire.

Elle est à celle-ci, ce que l'histoire du climat, du sol et de l'exposition propres à chaque plante, est à la botanique.

Son utilité pour la société, si un jour elle étoit bien faite, ne seroit pas moins évidente; c'est par elle que l'on se dirigeroit dans la recherche des divers minéraux; on prévoiroit par son moyen, les détails et les dépenses d'une infinité de travaux, que l'on ne peut connoître, aujourd'hui, que par l'expérience; ainsi nos ingénieurs ne pouvoient calculer, dernièrement, les frais d'une conduite souterraine pour remplacer la machine de Marly, parce qu'ils ignoroient la nature du terrain. La géologie leur eût appris qu'à cet endroit, l'on ne pouvoit rencontrer que de la craie.

Les mineurs, qui sont plus intéressés que les autres artistes à posséder ce genre de connoissance, en ont fait une étude particulière par rapport à la classe des minéraux qu'ils poursuivent. Ils ont déterminé les caractères des montagnes à filons métalliques, et reconnoissent parfaitement les pays où ils n'ont rien à chercher et ceux qui peuvent leur être favorables.

Mais par la nature même des motifs qui les dirigeoient, ils ont fort négligé les terrains pauvres en métaux ; c'est ainsi que dans nos environs, chaque genre d'ouvrier ne connoît que le genre de carrière où il travaille. Celui qui cherche du plâtre ne sait pas ce qui est au-dessus et au-dessous des couches gypseuses ; le carrier ignore qu'il a le glaisier sous lui , etc.

L'homme le moins au fait de la marche des sciences, sentira qu'une doctrine qui fourniroit, par rapport à tous les minéraux utiles , des données semblables à celles des mineurs sur les filons métalliques , seroit de la plus grande importance pour la société , et que si elle s'étendoit à tous les minéraux connus , elle formeroit une branche aussi belle que curieuse de la philosophie naturelle.

Il est probable qu'on auroit, principalement, étudié dans cette vue, la surface du globe et la foible por-

tion de son intérieur où il nous est permis de pénétrer, si l'on n'y avoit trouvé que des minéraux entièrement brutes. Comme il faut bien que ces minéraux
aient été disposés originairement dans un ordre quelconque, on ne se seroit pas avisé d'abord de voir
dans leur disposition des preuves d'actions successives
et de révolutions, si une très-grande partie de leurs
couches n'eût fourmillé de débris de corps organisés.

Ce sont véritablement les fossiles et les pétrifications, qui, en excitant la curiosité, et en réveillant
l'imagination, ont fait prendre à la géologie une marche trop rapide, et l'ont fait s'élever trop légèrement
au-dessus des premières bases qu'elle auroit dû fon-
der sur les faits, pour l'emporter à la recherche des
causes, laquelle n'auroit dû être que son résultat
définitif; en un mot, qui d'une science de faits et
d'observations, l'ont changée en un tissu d'hypothèses et de conjectures, tellement vaines, et qui
se sont tellement combattues les unes et les autres,
qu'il est devenu presqu'impossible de prononcer son
nom, sans exciter le rire.

On considéra d'abord les fossiles et les pétrifications, comme des jeux de la nature, sans trop s'expliquer sur ce que l'on entendoit par-là. Mais lorsqu'une étude plus soigneuse eût fait voir que leurs formes générales, leur tissu intime, et dans beaucoup de
cas leur composition chimique étoient les mêmes que

celles des parties analogues des corps vivans, il fallut bien admettre que ces objets avoient aussi, dans leur temps, joui de la vie; par conséquent qu'ils avoient existé à la surface de la terre, ou dans les eaux de la mer. Comment se trouvoient-ils ensevelis sous des masses immenses de pierres et de terre? Comment les corps marins se trouvoient-ils transportés au sommet des montagnes? Comment, surtout, l'ordre des climats étoit-il totalement interverti, et trouvoit-on près du pôle, les productions de la zone torride?

Lorsqu'on vit enfin que presque toute la surface du globe en étoit couverte à une profondeur incalculable, il fallut bien chercher à imaginer des causes générales et puissantes qui les eussent ainsi répandues.

La Genèse et les traditions de presque tous les peuples Païens en offroient une à laquelle il étoit naturel que les physiciens eussent leur premier recours. C'étoit le déluge.

Les pétrifications passèrent pour en être des preuves; et pendant près d'un siècle, les ouvrages de géologies ne continrent que des efforts pour trouver des causes physiques à cette grande catastrophe, ou pour en déduire comme effet, l'état actuel de la surface du globe.

Leurs auteurs oublioient que le déluge nous est donné

donné dans la Genèse, comme un miracle, ou comme un acte immédiat de la volonté du Créateur, et qu'il est par conséquent bien superflu de lui chercher des causes secondaires.

Mais vers le premier tiers du dix-huitième siècle, on en vint à penser qu'une seule inondation, quelque violente qu'elle fut, ne pouvoit avoir produit des effets aussi immenses, et dont chaque jour constatoit davantage la grandeur.

On se crut donc obligé d'admettre une longue série d'opérations, soit lentes, soit subites, et ceux des géologistes qui accordèrent encore au déluge une existence réelle, le considérèrent simplement, comme la dernière des révolutions qui ont contribué à mettre notre globe dans l'état où nous le voyons.

Ce pas une fois fait, les hypothèses ne connurent plus de limites.

On vit renaître dans cette partie de l'histoire naturelle, la méthode systématique de Descartes que Newton sembloit avoir bannie pour jamais de toutes les sciences physiques.

Chacun imagina un principe trouvé d'avance *à priori* ou fondé seulement sur un très-petit nombre d'observations particielles, et employa toutes les forces de son esprit à y soumettre, bien ou mal, les faits parvenus à sa connoissance. Mais par une fatalité presque inconcevable, au milieu de tous ces efforts,

X

on négligea presque entièrement d'étendre la connoissance des faits ; et lorsqu'on songe que Leibnitz
et Buffon sont au nombre des philosophes dont je
parle ici, on conviendra bien que ce n'étoit ni faute
de génie, ni faute de talent, que l'on avoit pris une
route aussi fausse.

C'est ainsi que le nombre des systêmes de géologie s'est tellement augmenté, qu'il y en a, aujourd'hui,
plus de quatre-vingts, et qu'il a fallu les classer dans
un certain ordre, seulement, pour aider la mémoire
à en retenir les principaux traits ; et l'exemple
meilleur, donné depuis une trentaine d'années par
quelques savans, a si peu dégoûté d'ajouter à cette
longue liste, que nous voyons éclore tous les jours
des systêmes nouveaux, et que les journaux scien-
tifiques sont remplis des attaques et des défenses que
leurs auteurs s'adressent réciproquement.

Comment tant d'hommes d'esprit, pleins de science
et de bonne foi, peuvent-ils être si peu d'accord et
continuer si long-temps de semblables controverses ?
La raison en est fort simple ; c'est que, l'un d'entr'eux
eut-il raison, ni lui ni les autres ne pourroient le
savoir.

Pour savoir si un fait est dû à une cause, il faut
connoître la nature de la cause et les circonstances
du fait.

Or, que sont, dans l'état actuel des sciences, les auteurs des systêmes géologiques, sinon des gens qui cherchent les causes de faits qu'ils ne connoissent pas; peut-on imaginer un but plus chimérique?

Oui; l'on ignore, nous ne disons pas seulement la nature et la disposition de l'intérieur du globe, mais celles de sa pellicule la plus extérieure.

Les recherches des mineurs, celles de Pallas, de Saussure, de Luc, de Dolomieu, de l'Ecole de Werner nous ont donné des généralités précieuses, quoique non encore hors de contestation, sur les montagnes primitives; mais les terrains secondaires, qui sont la partie la plus embarrassante du problême, sont à peine effleurés : les points les plus capitaux et d'où dépend nécessairement le parti que l'on prendra par rapport aux causes, sont encore en question.

Nous pourrions en citer une multitude d'exemples; mais pour abréger, nous nous restreindrons à un ou deux.

Les êtres organisés ont-ils vécu dans les lieux où l'on trouve leurs dépouilles, ou bien, y ont-ils été transportés?

Ces êtres vivent-ils encore *tous*, aujourd'hui, ou bien ont-ils été détruits en tout, ou en partie?

N'est-il pas clair que le systême des causes à imaginer, devra différer du blanc au noir, selon que l'on répondra à ces demandes par l'affirmative ou par la négative? Et cependant personne ne peut encore y répondre positivement ; et, ce qui est bien plus singulier, presque personne n'a songé qu'il seroit bon d'y pouvoir répondre avant de faire un système.

Voilà pourquoi les uns veulent des milliards d'années, pour la formation des terrains secondaires, tandis que les autres prétendent qu'ils se sont faits en une année, il y a environ cinq mille ans ; et que tous les partis intermédiaires entre ces deux extrêmes, ont aussi leurs défenseurs.

Il existe déjà dix ou douze hypothèses, pour l'explication partielle de la formation du bassin de Paris : et aucun de ceux qui les ont faites ne savoit qu'il existe dans un seul petit coin de ce bassin, qui n'a que quelques toises en carré, à Grignon, six cents espèces de coquilles inconnues, sur quarante ou cinquante que l'on croit reconnoître : c'est un fait constaté par M. Delamarck, par des recherches qui ont exigé plusieurs années.

Aucun d'eux ne savoit, non plus, que nos plâtres récèlent les os de douze ou quinze quadrupèdes qui ne ressemblent à aucun de ceux qu'on voit ni ici ni ailleurs ; autre fait qui n'a pu être mis au jour que par dix ans de travail. Jugez de ce que doivent être des explications imaginées tranquillement dans le cabinet par des personnes auxquelles ces deux petites circonstances des phénomènes étoient inconnues ?

Que doivent donc faire les corps savans, pour

procurer à une science aussi intéressante et aussi utile, les accroissemens dont elle est susceptible, en dirigeant sa marche vers un but réel, et susceptible d'être atteint?

Ils doivent tenir à son égard la conduite qu'ils ont tenue depuis leur établissement à l'égard de toutes les autres sciences.

Encourager de leurs éloges ceux qui constatent des faits positifs, et garder un silence absolu sur les systêmes qui se succèdent. Aussi bien les auteurs de ceux-ci se font leur part à eux-mêmes. C'est une chose curieuse de les voir *tous*, à l'affut des découvertes que font les observateurs; prompts à s'en emparer, à les arranger à leurs idées, ou à s'en faire des armes contre leurs adversaires. Il semble que les anatomistes, les zoologistes, les minéralogistes ne soient que les manœuvres destinés à fournir les matériaux de leurs constructions fantastiques.

Heureusement pour l'exemple de ceux qui seroient tentés de marcher sur leurs traces, ces châteaux aëriens s'évaporent comme de vaines appareuces, et l'édifice plus solide des faits et de l'induction commence à s'élever.

Le plan en est déjà, pour ainsi dire, tracé. Les bons esprits de la fin du 18ᵉ. siècle ont établi les questions; ils en ont déjà résolu quelques-unes; ils ont indiqué la seule marche à suivre pour résoudre les autres.

La série des problêmes est proposée. Il ne faut plus qu'une persévérance éclairée pour remplir les cadres dont l'ensemble constituera la science. Il n'est pas inutile au but de notre rapport de présenter ici, comme exemples, quelques-uns des principaux objets qu'il nous paroît nécessaire d'étudier à fond, pour faire de la géologie une science de faits, et avant de pouvoir essayer ses forces, avec quelque espoir de succès, sur le grand problême des causes qui ont amené notre globe à son état actuel.

Il faut selon nous, 1°. rechercher si la grande division des grandes chaînes, en une crète mitoyenne, et deux ordres de crètes latérales reconnue par Pallas, et développée par de Luc est constante, et examiner, comme M. Ramond l'a fait pour les Pyrénées, les causes qui la masquent quelquefois.

2°. Examiner s'il y a aussi quelque chose de constant dans la succession des couches secondaires; si telle nature de pierre est toujours inférieure à telle autre et réciproquement.

3°. Faire une opération semblable par rapport aux fossiles. Déterminer les espèces qui paroissent les premières, celles qui ne viennent qu'après; savoir si ces deux sortes d'espèces ne s'accompagnent jamais, s'il y a des alternatives dans leur retour, c'est-à-dire, si les premières reviennent une seconde fois, et si alors les secondes ont disparu.

4°. Comparer les espèces fossiles aux vivantes, avec plus de rigueur qu'on ne l'a fait jusqu'ici : déterminer s'il y a un rapport entre l'ancienneté des couches et la ressemblance ou la non-ressemblance des fossiles avec les êtres vivans.

5°. Déterminer s'il y a un rapport constant de climat entre les fossiles et ceux des êtres vivans qui leur ressemblent le plus; savoir, par exemple, s'ils ont marché du Nord au Sud, de l'Est à l'Ouest, où s'il y a eu des mélanges et des irradiations.

6°. Déterminer quels fossiles ont vécu, ou on les trouve, quels autres y ont été apportés, et s'il y a à cet égard des règles constantes par rapport aux couches, aux espèces, ou aux climats.

7°. Suivre les différentes couches en détail dans toute leur étendue, quels que soient leurs replis, leurs inclinaisons, leurs ruptures, et leurs échancrures. Déterminer ainsi quelles contrées appartiennent à une seule et même formation, et quelles autres ont été formées séparément.

8°. Suivre les couches horizontales, et celles qui sont inclinées dans un ou plusieurs sens, pour déterminer s'il y a quelque rapport entre le plus ou moins de constance dans leur horizontalité et leur ancienneté, ou leur nature.

9°. Déterminer les vallées dont les angles rentrans et saillans se correspondent, et celles où ils ne le font pas, ainsi que celles où les couches sont les mêmes des deux côtés, et celles où elles diffèrent, afin de savoir si ces deux circonstances ont des rapports entr'elles, et si chacune d'elles prise à part en a avec la nature, et l'ancienneté des couches dont se composent les élévations qui bordent les vallées.

Tous ces points sont indispensables à éclaircir si l'on veut faire de la géologie un corps de doctrine ou une science réelle, et indépendamment de tout désir que l'on auroit de trouver une explication des faits. Mais il est bien clair qu'ils sont plus nécessaires encore pour réussir dans cette explication.

Or, nous osons affirmer qu'il n'en est pas un sur lequel on ait rien d'absolument certain. Presque tout ce qu'on en a dit est plus ou moins vague. La plupart de ceux qui en ont parlé, l'ont fait, selon ce qui convenoit à leurs systèmes beaucoup plus que selon des observations impartiales. Les seuls fossiles considérés isolément peuvent encore fournir la matière de trente années d'étude, à plusieurs savans laborieux, et leurs rapports avec les couches exigeront bien d'autres années encore de voyages, de fouilles, et d'autres recherches pénibles.

Quel service ne rendroit pas aux sciences naturelles un corps tel que le nôtre, s'il parvenoit à diriger vers ces recherches positives, mais longues, pénibles, les esprits qu'une ardeur de savoir et les exemples contagieux de tant d'hommes de mérite pourroient entraîner à des systêmes aussi inutiles, qu'aisés à créer, et séduisans pour l'amour propre.

L'ouvrage de M. André, examiné d'après ces principes, nous a offert deux parties bien distinctes, dont la première seulement nous paroît être du ressort de la classe.

C'est celle où ce savant rend compte des observations qu'il a faites pendant ses voyages.

Fidèle aux lois de l'ordre religieux auquel il appartenoit, M. André a parcouru, à pied, des routes assez nombreuses et assez étendues : il les parcouroit en observateur éclairé ; et notoit avec soin les élévations et les abaissemens du terrain, la nature des pierres, leur disposition entr'elles, et par rapport à l'horizon.

Il a pris pour modèle le géologiste qui méritoit le mieux cet honneur, le célèbre Saussure ; c'est-à-dire, qu'il décrit, d'une manière absolue, chacun des objets qui l'ont frappé sur sa route, et dans l'ordre où ils se sont présentés.

Une chaîne parcourue ainsi dans plusieurs sens,

et décrite avec ce soin, offre le sujet d'un tableau général, que M. André ne manque point de tracer.

C'est ainsi qu'il nous fait connoître la partie des Alpes qu'il a vue, et qui comprend l'espace entre le Saint-Gothard et le Petit-Saint-Bernard.

Il passe ensuite au Jura, chaîne secondaire très-différente des Alpes, qu'il a examinée depuis la perte du Rhône jusqu'au Rhin, c'est-à-dire, dans, presque, toute sa longueur.

Les Vosges sont une troisième chaîne dont M. André a examiné la partie qui s'étend depuis Épinal, jusqu'à Giromagny ; et depuis Giromagny jusqu'au Grand-Donnon, sur toute sa largeur.

Enfin il décrit la crète de séparation dont les versans d'eau se jettent d'une part dans l'Océan et de l'autre dans la Méditerranée. Il l'a parcourue depuis le *Haut de Salins* près de la Marche, jusqu'auprès de Cluni.

Il a aussi observé et décrit une partie des plaines qui unissent les Alpes au Jura, et de celles qui commençant à la Saône, suivent le cours du Rhin, jusqu'à Strasbourg.

Quoique dans toute cette partie de son ouvrage, M. André fasse des allusions continuelles, aux opinions qu'il cherche à prouver dans la seconde, la première n'en est pas moins précieuse par un grand nombre de faits intéressans qu'il y décrit, et qui sont indépendans de tout système.

Tels sont d'abord les cirques ou espaces circulaires enfoncés entre de hauts rochers abruptes qu'il a fréquemment observés dans les Alpes.

Telles sont encore ses remarques sur certaines pyramides isolées, quoique formées de diverses couches, et dont tous les alentours doivent nécessairement avoir été enlevés par une cause quelconque, quoique leurs débris ne se trouvent pas à leurs pieds.

M. André décrit, dans le Vallais, beaucoup d'escarpemens et d'érosions des eaux qui avoient échappé à Saussure, parce que celui-ci n'avoit vu la partie inférieure du pays entre Martigny et Brigue, que pendant deux jours seulement, et en suivant toujours la grande route. M. André montre aussi que cette grande vallée, bien loin d'avoir des angles saillans et rentrans, qui se correspondent des deux côtés, s'élargit et se rétrécit alternativement jusqu'à cinq fois. En général l'article du Vallais est un des plus complets de l'ouvrage, M. André l'ayant traversé un grand nombre de fois et par diverses routes.

Il indique, en plusieurs endroits des Alpes, des exemples de couches schisteuses, tortillées, ou courbées dans beaucoup de directions, et qu'il est bien difficile d'accorder avec les théories ordinaires.

En général il paroît très-peu favorable à l'idée du déplacement des couches.

Sa description du Mont-Blanc, qui a beaucoup de précision et de clarté, se fait lire avec intérêt, même après celle de Saussure, à la véracité et à l'exactitude duquel il rend, au reste, parfaitement justice.

Il décrit avec le-même soin le *Saint-Gothard* et ses environs.

Il fait remarquer que ses cimes les plus hautes ne sont pas dans la chaîne centrale ; il a observé un fait semblable dans les *Vosges* ; c'est la même chose que M. Ramond a fait connoître aux *Pyrénées*.

Dans sa description du Jura, il distingue, avec soin, la roche calcaire compacte, sans pétrifications, qui forme les parties centrales de la chaîne, d'avec les calcaires coquilliers qui en font les parties latérales et moins élevées.

Il y fait voir des cailloux roulés et de gros blocs calcaires arrondis par le transport, comme il y en a de granit dans les Alpes ; mais il y en a aussi de ces derniers dans le *Jura*, quoique *Saussure*, qui ne l'avoit pas assez parcouru, ne l'ait point cru. M. André en cite plusieurs.

Il parle des nombreuses cavernes et des autres dé-gradations de cette chaîne. Il en décrit les glacières, et surtout celle de la chaux, à cinq lieues de Besançon, dont il donne la température prise à différentes époques de l'année, pour faire voir qu'il s'en faut bien qu'elle soit l'inverse de celle de Dehon, comme quelques-uns l'ont avancé.

Sa comparaison des Alpes, du Jura, des Vosges est curieuse. Dans les Alpes, il y a des vallées longitudinales et de transversales; dans le Jura, elles sont presque toutes longitudinales; dans les Vosges presque toutes obliques.

On sait que les Pyrénées ont encore une quatrième structure, et que les vallées y sont, à-peu-près, toutes perpendiculaires.

Les Vosges sont singulières par la quantité de grès et de poudingues qui recouvrent leurs sommités isolées, et qui paroissent les restes d'un immense plateau.

On voit par ces détails que M. André a observé avec soin les contrées qu'il a parcourues, et que les faits qu'il a consignés dans son ouvrage peuvent être très-précieux pour la géologie positive, du moins, en ce qui concerne les masses minérales : quoiqu'il ne se soit point du tout occupé des fossiles, nous estimons qu'il pourra prendre à cet égard un rang distingué parmi les observateurs géologistes.

Aux descriptions faites par lui-même des pays qu'il a vus, il en ajoute plusieurs qu'il a tirées des meilleurs auteurs, tels que MM. Saussure, de Luc, Dolomieu, Ramond et Patrin, sur les pays où il n'a point été. Ces extraits ne sont point susceptibles d'être extraits une seconde fois. Nous nous bornerons à dire que l'auteur fait remarquer qu'il doit y avoir beaucoup d'analogie entre des contrées fort éloignées, et que les théories applicables à nos pays doivent l'être, à peu de chose près, à toute la terre.

Il dit à la fin quelques mots sur les fossiles, mais seulement d'après d'autres naturalistes.

Après avoir ainsi établi ses données, avec beaucoup de soin, et d'après lui-même, ou d'après les autorités les plus respectables, M. André en vient aux conséquences qu'il croit résulter de ces différens faits.

Après tout ce que nous avons dit au commencement de notre rapport, on s'attend bien que nous ne porterons point de jugement sur cette partie de son ouvrage; mais nous ne nous interdirons point d'en donner une idée.

Il pense que l'arrangement actuel de la surface de la terre est d'une époque médiocrement éloignée, et il cherche à le prouver, comme MM. de Luc et Dolomieu, par la marche des éboulemens, et par celle des attérissemens.

Il pense, en outre, que cet arrangement est dû en

totalité à une cause unique, générale, uniforme, violente et prompte; et il paroît attribuer à cette cause, même le transport des fossiles étrangers; il cherche à faire voir que ni les volcans, ni les tremblemens de terre, ni les fleuves, ni les courans n'ont pu arranger la surface de la terre, comme elle est aujourd'hui.

Ces idées sont aussi celles de plusieurs naturalistes célèbres, surtout si on les restreint au dernier changement. Vos commissaires croient même pouvoir en adopter personnellement une partie, quoiqu'ils conçoivent très-bien que les motifs qui les déterminent peuvent n'avoir pas la même influence sur tout le monde; mais par les raisons qu'ils ont énoncées ci-devant, ils ne croient point devoir engager la classe à se prononcer sur des sujets semblables.

Mais ce qu'ils n'hésitent point à lui proposer, c'est de témoigner à M. André l'estime qu'elle doit à ses laborieuses recherches, et au zèle éclairé qui le porte à continuer ses travaux utiles, dans un âge aussi avancé que le sien.

Ils ne doutent point que l'ouvrage de ce savant respectable ne soit accueilli des naturalistes, comme doit l'être une collection aussi riche de faits intéressans.

Fait au Palais impérial du Louvre, le 11 août 1806, *signés*, Lelièvre, Haüy, Cuvier, rapporteur.

La classe approuve ce rapport, et en adopte les conclusions.

Certifié conforme à l'original.

Le secrétaire perpétuel,

G. Cuvier.

FIN.

TABLE

TABLE
DES MATIÈRES

Contenues dans ce Volume.

FIN DE LA TABLE.

9 782329 606767